中小企業にしかできない 持続可能型社会の企業経営

循環型社会システム研究所代表
森　建司

目　次

はしがき

地球温暖化問題をはじめとする自然破壊は、大幅な人口増加と、その膨大な人類が経済の視点でモノの豊かさを求め続けたことに起因している。モノの豊かさによる幸せは誰の目にもとまりやすく、理解されやすい。人間の持つ根源的な欲望の表現に最も近いものであるからだ。

産業革命は貨幣万能の時代を作り上げた。「金さえあれば何でも買える」錯覚が、人類の大部分の人たちに受け入れられた。一部の目覚めた人たちがこれに異義を唱えても、決して変わることはなかった。

しかしモノによる豊かさがさまざまな罪を作り出し、その自己矛盾が拡大することによって古来多くの社会が崩壊してきている。武力によるか、経済力によるかは別として虐げるものが搾取を積み重ね、その間に埋めようがない格差が生じたとき、虐げた側は、内部の腐敗によって自滅するか、虐げられた側の抵抗によって破滅する。この自己矛盾による、人種間の闘争は、人類全体の危機という形にはならない。しかし現代は人類全体が自然を相手に虐げる側に回り、自然を搾取し、再生する力を削ぐことによって自然を破滅に追い込んでいる。これに対し自然の側からの逆襲を受けて、人類の存在が脅かされているとしたら、まさに人類全体に危機が迫っていると言うべきだ。

近年、相当の期間にわたって数多くの研究者や識者から、この人類存亡の危機については、調査研究が進められ警告が発せられている。しかし環境問題として（いまとなっては狭すぎる範囲ではあるが）、改善が図られているのも事実あるにはあるが、たとえば温暖化ガス削減についても成果を挙げるところまでは至っていない。

よく「政治と産業が変わらないと社会は変わらない」といわれるが、まさにそのとおりである。ではなぜ、政治や産業が変わらないのか。政治や産業には、選挙民であり、消費者である「生活者」が存在して初めて成り立つのである。したがって生活者の意識が変わり、たとえば選挙民として、社会を変えようとする「真摯な政治家」に対する投票行動が、顕著になってくれば政治は雪崩を打って変わるだろう。産業界においても然りで、消費者としての生活者の意識が、持続可能型社会を作り出すために必要な消費行動を取る方向に変わるならば、産業界、経済界はこぞって変わるだろう。

果たして、生活者の意識がそのように急激に変わるものだろうか。そんな議論が否定的な捉え方で語られている。しかし生活者が現代の危機意識を正しく体得すれば、直ちに変わりうるものと私は考えている。どのようにライフスタイルを変えるのか。消費行動をどう変えるのか。いままで作られてきた便利性、快楽性に取って代わる充実感、満足感をどう確保するのか。そういう新しい価値観が示されてくると、生活者の意識は間違いなく変わる。

「経済至上主義社会」が揺るぎ、「持続可能型社会」に変わろうとするとき、生活者の生活や経済を身近にあって支えるのは、商店街をはじめとする中小零細企業である。大企業もやがては「持続可能型社会」対応の戦略をとってくるだろうが、これには相当の時間がかかる。その前に、一刻も早く「経済至上主義社会」が作り上げた経済システム体制を否定し、中小零細企業でなければできない、人間と自然の共生、生産者と消費者の一体感を基本とした、新しい経済社会、すなわち「持続可能型経済社会」を創りださなければならない。そのためには中小企業経営者、そして生活者の皆さんに、いま、すぐ立ち上がって頂きたいのだ。

私は市井で中小企業に携わってきた一市民である。科学者や研究者のようにこれらの理屈を検証する能力はない。しかし感性で捉える「新しい価値観」では想像することができる。おそらく生活者の立場に立った企業経営者の皆さんは、そういう意味での鋭い感性で共感して頂けるものと信じ、駄文を弄した。皆さんのご意見を承りたい。

序章　日常業務からの気づき

個人的なことを最初に述べることの失礼をお許しいただきたい。私のような地方の一中小企業の人間が学問的な裏付けもなく、そして、その恩恵をまともに受けて幸福な生涯を送らせてもらった現代の「経済至上主義社会」に後ろ足で泥をかけて、来るべき「持続可能型社会」の未来像をしつこく述べようとするのか、その動機付けを明らかにしておきたいからである。

私は滋賀県の長浜市に本社をもつ中小企業を経営してきた。主たる業種は包装資材（ダンボールを含む）・産業資材・住宅資材の製造販売。加えてデザイン企画（グラフィック、ITを含む）、印刷業などである。そして二〇〇七年は、創業六十年に当たる。

創業は私の父が地方の紙問屋としてスタートした。当初は、オート三輪や自転車（運搬車という車種）で重量物の商品を配達したわけであるから、当然商圏は会社の周辺に限定されていた。

その後、何年かたって、包装資材の加工販売やダンボールの製函業も行うようになった。幸いなことに、当時は地場産業の発展のみならず、名神高速道路や東海道新幹線など日本列島改造に向かっての動脈が次々に完成すると、滋賀県には県外からの工場進出が目白押しになり、その社会環境に恵まれてわが社も事業の拡大のチャンスが続いた。客先のニーズに合わせて、包装資材から産業資材も扱うようになり、右肩上がりの成長を続けることができた。

これらの商品は、製造業が成長を続けている限り、需要の減少は心配することはなかった。もちろん競争相手は、地元企業の新規参入をはじめ県外からの進出もあり、利益はそう簡単に確保されるものではなかったが、包装資材は包装が解かれると同時に廃棄物になる消耗品であり、必ずリピートオーダーが来ることは間違いなかった。

地方問屋というのは、原則として自社におく在庫を、客先の注文に合わせて品揃えをして納品する。その注文を承りに、ご用聞きという足を使った営業活動を行う。それだけに需要先と自社との距離が近いほど効率が良く、競合先との勝負のひとつはその距離の遠近差によって決まることが多い。わが社は滋賀県内に営業活動を集中し、多数のセールスが毎日訪問を繰り返し、配達も毎日お伺いいたしますという戦略をとった。「毎日訪問、毎日配達」というのが当時の合言葉であった。

そして扱い品は「最寄品」であり「消耗品」なのだ。たとえば包装材料について言えば、商品を包装するためには、内装から外装までかなりの種類の商品群が必要である。どんな包装材を、どのような組み合わせで使うのか、包装時の利便性は、デザインは、強度計算は、コスト計算は、などを考慮して包装設計をする。商談が成立するとその商品の品揃えをして、在庫をしておいて必要に応じて量は少なくても毎日でも配達する。これを商いとすることが地域密着型の地方問屋の大きな役割だ。

この仕事は正に中小企業の世界のはずだ。大企業が大量生産にあわせて大量発注を行っても、究極はこのプロセスは避けられない。ＩＴで発注管理、受注管理を行い大規模な配送センターで処理をする大企業のやり方もあるが、一般の需要先を対象にすれば、これは本来、中小零細の生きる分野の一つなのだ。

また、製造業と加工業とどこが違うのか。自動化された大規模な製造工程が製造業。人の手間をかけて小規模に行う作業が加工業、と私は思っている。大企業の生産ラインの中にも少量のもの、あるいは熟練した職人の技術を必要とする緻密な仕事等、量産化に適合しない分野がある。これらが下請け外注先として中小企業に向けて発注されるものを加工業とすると、加工業は先端技術による精度の高い、高額な機械を要するものでなく、単純な加工機に熟練した職人が取り組むイメージである。ダンボールの製函業もこの紙加工業の一つであった。

この分野も地方問屋の活躍するカテゴリーと同じで、大企業が直接手掛けることができない、また需要先に近接していることも有利な条件になる、すなわち地域密着型の中小企業向きの分野である。

わが社もこの路線を中心に長らく経営をしてきた。しかしこの安定した分野と言えども、客先の要請にコストダウンを含めてほぼ完璧にこたえることが、継続の条件になるが、コストダウンにも限界があり、常に低収益に悩まされ続けなければならない。競合先の出現も防ぐことができないからだ。

したがって固有技術の獲得を目指して独自の商品開発、技術開発にも取り組むことにした。開発部門の充実を行い、同時に「情報力、販売力、製造力」のバランスのとれた経営を目標とした。開発品の全国販売を狙って東京、大阪に事業所を置き、住宅資材部門の立ち上げ、セールスプロモーション、Ｗｅｂサイトなどの事業化を図った。それぞれ苦戦している部門もあるが全体としては何とか軌道に乗せることができた。

このわが社の固有技術の開発に向けてのテーマを、「環境改善」とすることにした。

わが社の事業活動の中心は、包装資材である。先にも述べたように包装資材は必ず廃棄物になる。したがって、その削減は社会的要請であると考えなければならない。かりに包装資材削減がわが社の事業目的に矛盾していても、避けては通れないと判断して、社内に、環境対応で未来型の包装資材や素材等の展示を行う「エコロジー情報館」を開設した。それと前後して滋賀県に本社のある大手スーパーをはじめ「産・官・学・民」の皆さんと一緒に「NPOエコ容器包装協会」を創り、包装資材の具体的な削減に取り組んだ。容器包装リサイクル法が発効したときだ。スーパーマーケットの売り場には四万アイテムほどの商品があるといわれているが、そのすべての商品は包装されていて、家庭に持ち込まれたときには一般廃棄物になるのだ。そのスーパーに納入している企業をはじめ、消費者モニター、研究者、包装業者が集まって包装削減の勉強会を重ね、ISO14021（自己宣言型エコラベル）の認証業務まで行ったが、結果的にはほとんど成果をあげ得なかった。

現在もわが社のCSRの一環として「循環型社会システム研究所」では持続可能型社会を目指すNPOの支援事業として、幾つかの運営、事務局を預かっているが、この包装資材削減運動は相当の努力をしたにもかかわらず、まったく効果を挙げなかった。それどころか商品がグローバル化して遠距離輸送が増えることによって、ますます包装が過剰になっていった。また消費者の行動もペットボトル全盛時代に入り、あるいは惣菜、独居用惣菜などの商品化など、簡便な既製品によるライフスタイルが定着して、賞味期限の延長を含めて、個別の保護性が包装にたいして一段と求められるようになった。結果として包装資材は物量的にもますます増加していったのである。

このように包装ごみを減らそうというNPO活動は不成功に終ったが、その時、気づかされたことは供給側がいかに改革を目指して努力しても、生活者である消費者の意識や行動が変わらないと大勢は変わらないということである。その消費者の意識は、供給側の長期にわたる洗脳とも言える激しい宣伝活動の結果によるものでもあろうが、「より廉価なもの、品質の保証されたもの、いつでもほしいときほしい場所で供給されるもの」。この三条件を消費者が求め続けている限り、包装はますます過剰になり、削減されることはまずないと判断した。

経済至上主義の社会倫理や価値観を変え、自然との共生を目指すためには、まず生活者（消費者であり選挙民である）の意識、価値観を変えることからはじまる、そのことに気づかされたのだ。そしてその新しい生活者の意識、行動が、政治や行政、産業、生活習慣を変革させ、はじめて社会を変えていくことにつながるのだ。

わが社が包装資材取り扱い業者として生き続けていく限り、現在の流通、物流のシステムは変わらないほうがいい。しかし現在の経済至上主義社会は大きな自己矛盾を抱えている。温暖化ガスの問題一つを捉えても、決してこのままの体制が存在し続けられるものでないことは、いまや自明の理となっている。われわれは第二次世界大戦に敗戦したとき、古くは明治維新のとき社会の体制の変換を経験しているが、そのような変革が必ずや起ころうとしていることは、大方の人々が予感しているはずである。

企業経営はわずかな社会の変動によっても大きな影響を受ける（もちろん、受けない企業もあるが）。そのためにつねに社会の変化に対応する努力をもち続けなければならない。

その変革が今回は過去とは比較にならない大きな変革となって現れるはずである。エネルギー一つをとっても、石油資源に依存しない社会など、現在のわれわれでは想像に絶することだ。しかもその環境に耐え、新しい政治や産業を作り上げていくのは、まさに生活者の意識変革と革新的な行動力によって導き出されるのだ。

それ以来、わが社の**「循環型社会システム研究所」**では、生活者に新しいライフスタイルの実験をする「エコ村運動」はじめた。（一〇一ページ参照）

また、意識改革の核となる「環境倫理」の普及活動も開始した。**「循環・共生・抑制」**をわかりやすく「もったいない（M）・おかげさま（O）・ほどほどに（H）」と解釈して「MOH通信」の刊行や「MOHフォーラム」の開催を行ってきている。最近では幸いにして地球温暖化や、資源枯渇（とくにエネルギー資源）等の危機感が現実の問題として、広く知れわたってきた。

そして理想社会として持続可能型社会の具体像の提示が求められるようになってきているのだ。

滋賀県では行政を核にして「二〇三〇年　滋賀モデル」をつくり、持続可能型社会像を多面的に捉えようとする動きが始まっている。私は中小企業人として、新しい社会に適合した、産業、経済のありようを模索したいと考えている。とくに持続可能型社会は生物系資源を中心に構築されていく社会なのだ。近代工業が地下資源は無尽蔵にあるものとして使いまくった社会と異なり、持続可能型社会は、命のある生物を殺して資源にしていく世界である。その生物の命の循環を無視して使いまくれば、その種が断絶し持続不可能となってしまう。たちまちにして人間は断絶してしまうことだろう。この社会は地下資源を発掘するのではなく、生物を育てて使おうとする世界である。

この重大な変化に一人でも多くの人が、一日も早く気づき、哲学、倫理、価値観その他生き方を支える意識を変え、生き方をかえなければならない。

その社会の中で存続すべき企業の有り様を、真剣に探りたいものである。

第一章　経済至上主義社会の功罪

一、程度を超えたモノの豊かさは、幸せをもたらすのか

いまでは少数派とはなったが戦中、戦後派として生きてきた人たちにとっては、その生涯の有為転変は実に激しいものであった。時代の中に生きる私たちは、常に時代の要請を受け入れざるを得ず、不満を持ちつつもそれに耐えて生き延びてきた。戦時中は生活のすべては言うに及ばず、自らの命さえ国家のために捧げることも、時代の要請として受け入れてきたのだ。

戦中、戦後を問わず物資の不足は、今日の感覚で言うと想像を絶するものであった。男たちは兵隊にとられ、多くの戦死者を出し、国内に残ったものも空襲で大勢が死んでいった。生産工場は軍需産業に衣替えし、極端な資源不足の中で武器の生産に専従していた。作業は学徒動員で集められた少年少女たちであった。生活物資に事欠くのは当然のことだ。そのころの生活態度を決めていた倫理は、「贅沢は敵だ」であった。最小限の必要品以外にものをほしがることは「利敵行為」であり、最もしてはならないことで

あると教えられてきた。

やがて、この焼け野原のすざましい現実を見て青年たちが立ち上がり、「われわれの力で日本を立て直そう」、「わが国に豊かさを呼び戻そう」と渾身の努力を始めた。それが全国民の一致した願いとなって、大きなうねりが生じ、見事に日本経済が立て直された。そこには新憲法による民主主義があり、自由主義経済社会が用意され、国家の支援策も取られていたのは、言うまでもない。

経済は法人化された企業の力によって形成される。個人は企業に自分や家族の生活も未来も、時には命も捧げて企業を守り育て上げてきた。企業経営には経営のルールが必要である。大企業は当然として中小零細企業にいたるまで、会計を学び効率化のためのマネジメントを学んだ。そしてすべてのマネジメントが教えたのは「いかに利益を上げるか」ということである。「お客様は神様です」と唱えながら、それは真に顧客のことを配慮した行為をさすのではなく、自社の利益のために購買客を惹きつける宣伝文句に過ぎなかった。

国を挙げての経済振興策は、国内需要の拡大のために、生活意識を根本的に変える必要があった。つい最近まで「贅沢は敵だ」という倫理観が社会の通念としてあった。それが十年ほど経つか経たないかの間に、所得倍増計画の理想を実現するため、国内需要拡大、国民の消費の拡大を図ることが前提条件になり、「消費は美徳である」とか、「使い捨て」は、経済振興に貢献する善なる行為であるという理念にすり替えられたのである。その結果われわれは所得倍増を実現し、消費する快感を覚えた。大量消費は当然大量生産に支えられ、拡大を続けた生産は、地下資源を限りなく使い、結果として自然破壊、資源涸渇、地球温暖化まで突き進んでしまった。

私は小学生で敗戦を迎えた。就職をしてサラリーマンとして働き出した頃は、未来は実に希望に満ち満ちていた。一九七〇年代の公共投資は間断なく進められ、日本列島改造論のように、あるいは某家電メーカーのように、全国津々浦々いたるところにも水道のコックをひねれば、夢の製品が供給される体制が取られたのである。

「経済至上主義」社会というのは、経済の振興のためにはあらゆるものが犠牲にされても「可」とする考え方である。まだ当時は自由主義経済の仕組みにところどころ制約を加えられ、国民が等しく恩恵が受けられるよう配慮されていた。しかし経済の発展はそれらの制約が邪魔になり、年を追うによって規制緩和もしくは撤廃が行われた。資本主義社会の構造は、株主の資本により競争に打ち勝てる巨大企業を生み出し、その利益配当が株主にもたらされ、大資本家を育てる。その株主から付託を受けたという経営者は、利益によって巨額の報酬を取ることが許される。それによって経済の振興発展は巨大企業と大資本家、そしてごく一部の富裕な経営者を育て上げ、結果として権力が富裕層に集中して、政治までも牛耳られることになる。

また、企業利益は売上高の拡大によるものと、経費を抑えることによって生み出されるものとがある。経費の最たるものは人件費である。この抑制が常にマネジメントの重要課題であり、企業は合理化努力という言葉で人員の削減を常に考えている。また個人の賃金のレベルを下げることも大きな要因である。株主から利益の拡大を求められた経営者は、わが社員の所得の向上にはあまり目をむけない。むしろ社員の所得を合法的に抑制できるものであれば、その方向を選択するのである。つまり経済至上主義社会は「企業」という法人の利益を目指すものであり、そこに関わる人々の利益を目指すものではない。結果として、企業所得は上がり、GDPが向上していようとも、それは企業と一部支配者にとっての好景気であり、働く人の多くに好景気はもたらされていない。これも経済至上主義の大きな自己矛盾である。

さて、モノの欠乏する恐ろしさを経験した世代にとって見れば、これほど豊かなモノに囲まれた日常は幸せそのものであるはずだ。しかし日常の役に立たなくなったものも、本能的に「もったいなくて」捨てられないでいる世代、高齢化したその世代の人たちは、本当に幸せ感に浸っているだろうか。

個人差があるのは当然として、核家族化や勤務先の都合や単身赴任などで取り残され、一人暮らしを強いられている老人たち。都市周辺へ集中する若者の移動、過疎化による地方の荒廃、この結果、家族関係は縦の関係も横の関係もつぶれてしまった。両親や祖父母への愛情と尊敬からはじまる、先祖に対する畏敬の念、そして子孫へ残そうとする思いやりまで消失してしまった。後に残っているのは使えなくなった大量のモノに囲まれた、老人たちのさびしい後姿だけである。

モノの豊かさがもたらす功罪について考えるとき、どちらにしても行き過ぎては駄目である。現代はもう限界一杯のところまできている。決定的な人類の存亡が論じられるところまできているのだ。このあたりで革命的な意識改革と、社会体制の転換に入らなければならない。

二、便利さは、人をどれだけ幸せにしたか

企業間競争において勝敗を分けるものの一つに、便利性とスピードをどれだけ顧客に提供できるかがある。

新幹線が早くなることによって恩恵を蒙る人と、関係のない、むしろ邪魔になる人たちとがある。新幹線は必要な人に使ってもらえばよいのであって、邪魔になる人は在来線の鈍行がその役割を果たしてくれる、それで良いじゃないかと言えばそれまでであるが、新幹線のスピードが速くなり、あるいは空港の配置や設備が完備され、航空機の利用頻度が高まれば、世の中がその成果を基準にして、社会の意識が変化する。

「遠距離にもかかわらず、わざわざ足を運んで頂いて本当にありがとうございました」こういう挨拶は新幹線沿線ではなくなるだろう。人々の行動範囲が広くなることは、地域とか家族とかを中軸にした人間関係を薄くすると思う。グローバル対応で海外に飛躍するのも一つの生き方だろうが、高齢になって家族や親戚、知人のいない（つまりふ

るさとを喪失した）晩年の暮らしについてどう思うかである。

私は生涯を中小企業で働き、地域に根ざした生活をしてきた。企業ＯＢになっても、従前の人間関係が少しは継続している。生涯、狭い行動半径しか持たなかったことを、決して後悔していない。考えてみると、スピードアップを極限まで求めてみても、そのことによる恩恵は経済活動に限定されるのだ。経済はとくに大企業にとっては、世界をまたにかけた市場の拡大こそ、生き残りの必須条件である。したがってスピードアップは企業法人のメリットになっても個人にとっては、それほど有難いことではない。

便利性ということもかなりの功罪がある。より便利になることは日常生活においては、怠惰な人間を生むことになる。これも限度があって、ある程度の便利さは必要不可欠なものだろうが、それを超えた便利さは、人々から努力する充実感、達成感を奪っている。また個人にとっての便利さは、その人にとって物事を達成するプロセスを割愛することであり、人間本来の理解力を失わせることになる。

たとえばスーパーへ買物に行けば、惣菜に加工された食品が魅力たっぷりに展示されている。当然、いかに美味しそうに見せるか、作るかにかかっていて、その惣菜のもとは何から、どのようにして作られているかなどはわからない。私の子供時代には自家で鶏を飼って卵をとり、客があると鶏の首を絞めてすき焼きにした。「自分の可愛いがっていた鶏のいのちを頂いている」という得がたい教育の場になっていたのである。

人はだんだんと怠惰になり、態勢は便利性を求めている。市場調査で分析をすれば便利性を追求した商品は、有望な商品として期待されている。その分人間が退化していることを知らなければならない。

三、モノはなぜ安くないといけないのか

企業間競争の三原則は「品質保証、コストダウン、供給体制」である。これは彼らが顧客とする消費者の大部分が求めているからだ。

「品質保証」制度により、消費者が商品の選択にあたって、品質の良し悪しを自らの力で見分けることができなくなった。メーカー（巨大メーカー）の商品が店頭に置かれている以上、品質は供給者が保証するものだ。万一賞味期限が過ぎたものが店頭にあったり、万に一つの不安全箇所のある商品が売られていたら、メーカーなり供給者側の責任は厳しく追及される。購買者が自ら商品の良し悪しを選択する必要はなくなり、能力もなくなってしまった。

「供給体制」は日常品を中心として全国隈なく販売網が張り巡らされ、消費者がほしいと思えば二十四時間体制で供給される。店頭の商品が品切れにならないようにレジのところでマークが読み取られ、直ちに配送センターから供給される。倉庫を持たないコン

ビにでも、三、四千点あるといわれる商品の欠品率ゼロというレベルである。しかもそのコンビニでは、夜中に商品を求める人たち（何人ぐらいあるのか見当もつかないが）のために二十四時間経営をしているのだ。近所の迷惑もお構いなしに。

くどいようだが、私はこの章では現体制の持つ、自己矛盾を取り上げて非難している。もともと現体制は、現代社会の全体を網羅していて、ゆるぎない位置を確保している。しかしその完璧な存在として支持されている制度やモノについても必ず自己矛盾があるのだ。時間の経過とともに、あるいは体制が大きくなればなるほど、自己矛盾も成長する。そして最後には自己矛盾の罪のほうが体制の功を押しつぶしてしまう。この弁証法の考え方が、現代の社会を論じるときにまことに理に適っている。したがって現体制の中で悪の花を咲かせようという自己矛盾を取り上げ、その矛盾が大罪を犯す前に取り除こうとしているのだ。もちろん現体制がもたらした、少なくともわが日本国民が蒙った恩恵の大きさは言うまでもない。故に消費者、選挙民の大多数が支持し今日があるのだが、それを認めつつ、巨大な悪の花に注目し、これをつぶそうと主張しているのである。

さて、この項で取りあげるのはコストダウンについてである。

消費者は安いことを最高の「善」として認めてきた。毎日折り込み広告で告知される各社の価格を比べ、最も安い店までひとっ走りというのが大方の消費者の姿だ（高齢者は足の都合もあってそうばかりではないが）。また大売出しのときは、店頭が戦争のようになる。より安価なものへ購買が集中するのである。

しかしコストダウンによって、どれだけ多くの人が泣かされてきたか。供給サイトは言うまでもないが、最近では人件費の安い後進国で作られたものが市場を占拠している。衣類をはじめとする繊維製品、野菜等食品類（加工食品まで）、やがて高度な工業製品も同じことになる。中国やアジア諸国が生産を担当し、わが国が消費と廃棄物を担当する。経済振興の恩恵は輸入販売の企業が独占し、膨大な数の国内中小メーカーは失職する。その状態を指してもまだ経済アナリストたちは、利益を上げた輸入企業を賞賛し、辛酸をなめた日本の中小企業を無視している。

そして問題は、安いものを買った消費者の行動であり、さらにコストを抑えるために企業のとる戦略である。

いま消費者の中でよく言われているのは、買物は癒しだということである。必要なものを購入するために買物に行くのではなく、癒しのために買物にいく。そして安いものがあれば、衝動買いに走ってしまう。それが楽しいのだという。衝動買いを自らに許しているのは、安い買い物をしているという消費者の安心感である。

「少しぐらい余分に買っておいてもいい、安いのだから」

これは買い物の免罪符である。そして数多く買ったもの（たとえば衣類など）は長く大切に使うのではなく、気分任せで次々と使い、飽きたら捨てる、「使い捨て」が現代のライフスタイルの基本である。「使い捨て」をすることで消費者の購買力は絶え間なく再生される。そして国民総生産は拡大する。この循環こそ経済社会の根幹なのである。

昔は買い物をするときの常用語に「一生もの」というのがあった。

「ちょっと高いけど、一生ものだから、そう思えば安いわね」

「あら、うちなんか三代ぐらい着てるわよ」

そんな会話が買い物の中にあった。そんな概念は消えてしまったのだろうか。

高いものでも同じことである。住宅もしかり、自動車もしかり、一家のほぼ恒久的な財産であるべきものまで、消費財になってしまった（住宅も建てた一世代型になっていて、次の世代は別居して自分たちの家を建てる）。使える間は長期にわたって大切に使う。そういう姿勢の背景には、購入時からその商品に惚れこみ、時には造った人の顔を知り、その技術と心意気に感銘して買う。そうまでして手元に置いたものは、愛着もひとしおで到底使い捨てにする気持ちにはなれない。使い捨ての風潮の中では、美術品や骨董のように、美意識を揺さぶる感動があって始めて購買される商品などは売りにくくなっているのではなかろうか。

また、コストダウンは「人手間」をかけないようにする。店頭で丁寧に対応する小売店は採算が取れない。レジのところにだけ店員がいる（これもレジの自動化が進めば無人化するだろう）スーパー方式が常識になってしまった。商品によっては客の疑問なり要求なりに応えるところが無視されている。包装の表面に印刷された商品名と、宣伝文句だけを頼りに買い物をする。

コストダウンの行き着く先は、サービス行為の割愛である。暮らしの中で消費者が希望しても、たとえば家電製品や家具類、家屋の手入れや修理、衣類の手直しなど、ほとんどできなくなっている。修理をするよりも新品を購入したほうが安い仕組みが作られているのだ。修理して使うことは「使い捨て」の美徳に反することになるのだろう。

コストダウンによってもたらされたモノの豊かさは、人間関係を希薄にし、人のモノに対する愛着を失わせ、結果として古いもの、歴史的なものへの軽視を生んだ。新しいモノに囲まれている人間、それが常識になってしまっている。何でも新しいモノばかりの中で、考えることも、行動するときの判断も新しいか、古いかで評価してしまう、そんな暮らしはあまりにも寂しいことではないか。

四、経済価値を優先することで、人間が変わってしまった

モノの豊かさはお金で買える。しかし人間の幸せはお金で買えない、といわれる。日常生活が普通に送れることすらできなかった時代に、経済力に託した夢や希望は、たとえ格差社会といえども、今日ではほぼ充足されている。その限りにおいて人は幸せになったはずである。しかし人間の欲望は限りなく拡大する。満たされれば満たされるほど、次を求めて前進しようとする。これは向上心の一つであると同時に、反社会的な場合も反道徳的な方向でも前進しようとする。スポーツマンが記録の更新を目指して限りなく努力するのも、資産家が資産を増やすことに汲々とするのも、芸術家が次の作品に命を賭けるのも同じことだろう。

しかし、経済行為が人の幸せに貢献している間とか、自然との共生の内であれば、前進も、欲望の拡大も許されようが、それを超えたときは人類に対する大犯罪になりかねない。

農耕民族と狩猟民族の価値観の決定的な違いがそこにある。

農耕民族は限られた農地を開拓したり、先祖から引き継いだりして所有し、その土に種をまき収穫をすることで生きていく。仮に土地を広げようとするならば、自分の力で開拓をする以外に道はない。収穫を増やすためには、土壌に肥料与え、よく耕し土を肥えさせなければならない。また、集落を作り共同生活をするときも、お互いの存在を認め合い助け合うことをする。

狩猟民族は、逃げ回る獲物を狙って山野を駆け回る。限られた土地を耕すのではなく、自然界に奔放に生きていくのだ。収穫を増やすために土地を肥やす努力をするか、獲物を追いかけて殺すのかの違いである。

つまり育てるか、収奪するかの違いである。経済行為に置き換えると地域密着型の商店街のあり方と、グローバルに活動する量販店のあり方の違いに似ている。

農耕民族型の収穫はまさに循環型である。土を肥やし種をまき、手入れをしながら育て、成熟したら収穫する。成熟する前に収奪しても駄目である。どんなに空腹でも収穫の時期を待つ以外にない。狩猟民族型は生息する獲物を取れば取るほど収穫が増える。しかし、その生態が根絶やしになってしまうこともある。自然破壊が常に付きまとう。

くどいようであるが、農耕民族型が持続可能型社会の経済行為であり、狩猟民族型は経済至上主義型の経済行為である。循環型でいくのか収奪型で行くのか、自然保護育成型か自然破壊収奪型で行くのか、欲望の抑制型か、恣意型か。われわれ生活者一人ひとりが決断すべきことである。

経済活動が消費者の要望にこたえる形で、商品開発に全力を挙げてきたことにより、生活の中の行為がますます便利になり、労力を伴う部分は自動化され、清潔で、臭気も、微生物も、まったく寄せ付けない環境が整備されてきた。また、情報関係についても、パソコンを利用した情報のやり取りの中で、「読み」、「書き」、「ソロバン」の能力が失われてきた。読書は文字を覚え、読解力を身につけ、考え方の選択をして、じっくりと時間をかけて読みぬく努力をしなければならない。映像による意思の伝達はきわめて簡便である。言葉も充分に話せない子供がゲームに夢中になれるのだ。書くことも書くことによって意思を伝達するためには、漢字をしっかり覚える必要があるし文字の稽古もしなければならない。そして文書作成の決まりごとを理解することも必要である。それに対してメールは簡単だ。身近にある携帯電話で簡単に相手を呼び出し、漢字も勝手に機械が出してくれる。いまは本人がそのつもりになれば一人暮らしも簡単にできる。事実一人暮らしが増えている。結婚をしたがらない若者が増えるのも一人暮らしの気楽さ、わがままさが簡単に実現できるからである。

と同時に、人は怠惰になった。朝早く起きて何かをするということもない。会社に出勤しても現場で働かない限りは体を動かすところは少ない。労働の軽減は生産性の向上を目的として、充分考えられているからだ。夜、帰宅のついでにコンビニにより弁当を買えば、数多い選択肢の中から好きな弁当を選んで買うことができる。帰って風呂のスイッチを入れればすぐ入浴できる湯加減が用意される。トイレを使っても完璧に自動化されている。ベッドはこれも適温に調節された電気毛布がある。こんな生活は人を怠惰にするのは間違いない。空いた時間には本を読むのではなくゲームをする。これも飽きる頃にはメーカーが次の種類の商品を店頭に並べる。人は怠惰になると快楽さえ自分から求めようとしない。行動的なタイプは性風俗店に出かけ、それも億劫なものは自宅で済ますのではないか。少なくとも恋人を見つけ、働きかけて結婚にゴールインする当たり前の青春行動も、どうやら少数派になりつつあるようだ。

先進国ほど少子化が進むというのも、このあたりにも原因がありそうである。

先にも述べたように農業で暮らした時代には、先祖が労力を惜しまず、子孫のために改良に改良を重ねた自作地を引き継ぎ、その土地を耕作した。そのとき先祖の行為を感謝し、自分も子孫のために残せるものは残そうする、その熱い思いも伝わった。

しかしいまでは自作地はおろか、住んでいる土地や家も自分たちが購入したものであり、先祖の恩恵が感じられるものは少しもない。先祖代々住み続けた地域では、家名を大切にして、信用を重んじて世間に後ろ指を指されることのないよう道徳の規範があったものである。住む人もそうであったし、その地域で何代にも渡って商売をさせてもらっている商家も、末代までの存続を願って**「儲けすぎてはいけない」「信用を失ってはいけない」「隠れて善行をせよ」「お返しの心を忘れるな」**等家訓が伝えられ、奉公人に至るまで守ったものである。

社会の道徳、秩序はこのようにして親や先祖が教え、世間が示してきた。そして、学校教育が加わった。それは一つのところに居住し、何代もわたって助け合い、協力し合ってきたからこそできることではなかったか。私の生まれ育った集落もかなり古い土地柄で、集落に住む人はお互いに知らない人はいなかった。新しく嫁いできたり、越してきた人たちには住みにくいところもあったと思うが、

「ご近所と喧嘩したらあかんよ。三代、祟るって言うから」

などと教えられたものである。これも功罪半ばするものであろう。ただ都市のマンション暮らしにあこがれる人たちに対して、古い地域の良い側面を取り上げて見たのである。

近年、地球環境が語られるとき、世代間倫理の観念が極めて希薄になっていることが憂慮されている。地下資源の乱用も数十億年の蓄積を百年足らずに使いきり、次の世代はどうするのか。地球温暖化にしても五十年、百年先のことであれば他人事になってしまう。いわんや千年、二千年後のことを心配する人は少ない。この地球に人類だけでも数万年生きている。後、数万年ぐらいは行き続けて欲しいものである。そのためには何をすべきか、どんな暮らし方をすべきか。考えて結論を出し、少なくとも数十億人の人たちが実行しなければならないところにきているのだ。

このような現象を「民主主義の限界だ」という人がいる。残念ながら社会は政治と経済が体制をつくってしまう。選挙民や消費者は現代に生きるものであり、未来人は一人もいない。自分たちの当面する欲求、課題には関心があっても、未来の人のための政策を出しても、誰も関心を持たず「票にならない」だろうし、自動車が石油資源を使い、温暖化ガスを出すからこれを止めて自転車産業を育てようとしても、いますぐには企業化することはできないだろう。

しかし、だからといって放置してすむことではない。現在の地球の危機に対する認識をしたら、それを回避する方途を探り、実現に向けて走り出さなければならない。細々とした具体策は別として、地球における人類の存在が許される唯一の方途は、自然との共生であることは現在では常識となり、自然との共生を図るため、何をどうすべきかが議論されようとしているのが昨今なのである。

その結果は次世代や、もっと後の世代になるだろうが、現在生きているわれわれはこの責任をどうしても果たさなければならない。このあたりの議論になると、大企業を中心とした経済至上主義社会、この支持で成り立っているいわゆる保守系の人たちは、極めて歯切れが悪い。別項でも論じるが、エネルギーの使用抑制を論じるのではなく代替エネルギーの開発に、関心は集中している。

第二章

大企業にない価値観が
中小企業にはある

一、経済至上主義はなぜ生まれたか

中小零細企業はお客の顔の見えるところで仕事をしている。お客は概ね、なじみ客で長期間にわたるお付き合いがある。双方がお互いの特徴や癖を知っていて、個別の対応をしている。また、双方が限界を知っていて、その範囲で付き合っている。家族ぐるみのお付き合いをしている。家庭の現状や過去の歴史もあらかたはわかっている。店の宣伝は「口コミ」であり、誇張した内容は通らない。お互いに「借り、貸し」の付き合いがあり簡単に浮気はできない。業種によってさまざまではあるが、取引が行われる範囲におのずと閉鎖型社会が形成されて、それを超えては取引がしにくい。一見《いちげん》客お断りという花街の事例はその典型だ。

中小企業と一口に言っても、業種、業態によって違いがあるが、地域密着型ビジネスの一般論はこのとおりである。

一方、大企業の場合はどうか。

市場調査はマーケティングの手法で合理的に抽出された購買層が対象であり、広域的なコマーシャルで形成された市場である。個々の客との対話から掘り出されたものでなく、むしろライバルの動向等から推し図ったマーケティング戦略が練られる。国内のある地方に出店を計画する量販店は、その地域に永続的に根づこうという、特別の思い入れがあるわけでなく、購買力があり競争力の少ない将来性のある地域として、その地域を販売戦略上選んでいるのだ。

大企業の場合は個々の顧客別に特別のサービスをすることはできない。

それに対して地域に根ざした商店は、良く知り尽くした顧客に向けてサービスをすることができる。

電気製品を買うのにも一人暮らしの人が使うのと、大家族の場合と家族構成によって選ばれる商品が異なるはずである。家具調度品にしても日常便利に使うものと、美術的な価値から、趣味で選ばれる商品とは違うはずである。薬局で薬を選ぶのも、自分のことを理解してアドバイスをしてくれる薬剤師のいる店と、無人販売の大型店とは顧客の満足度がまったく違ってくる。毎日の惣菜にしても調理されたパック詰めの既製品の中から選択するのと、八百屋や魚屋の主人のアドバイスで材料を選んで、調理に工夫をしながら作るおかずとは、好みによるだろうが満足度が違うはずだ。

住宅などもプレハブの商品をカタログで選んで買うのか、大工さんや、設計士、施主が家族を含めた皆で相談をして、我が家として、子孫に残す財産として、心の故里として作り上げるのと大きく違う。

この場合、買い手も大量生産、大量流通から得られる、完璧な品質保証の付いている廉価な商品を選ぶのと違って、経験や知識、そして「志」が要求される。住宅は生涯一度きりの選択なので失敗は許されない。だからこそ、ものを買うときに、慎重な選択眼や、先輩の意見や、先祖の言い伝えも場合によっては聞く必要がある。


地域に大型店が進出してくると、客は大型店ならではの魅力に引かれてそちらに流れる。大型店の魅力は、常にコストダウンが最優先なので廉価である。売り場が広いので品揃えが豊富であり、あらゆる商材があるので一箇所で買物を済ませられる。品質は保証されている。洗練された売り場やロビーを歩くだけでも楽しめる（癒される）空間がある。店員が買物をすすめるようなことをしない。

これらがそろっていればある意味では確かに魅力的である。しかし買い物客にとって良くない点もある。

相談に乗ってくれる専門家がいないので、つい余分なものまで買ってしまう。パックされた商品の小分けができない。産地表示はあっても輸入品が多く作り手の顔が見えない。さまざまな分野の商品が、それぞれ品揃えされて大量に展示されているので、買いすぎてしまう。広い店内は高齢者にとっては歩くだけでも負担である。

つまり大型店は「いかにコストを下げ、大量に販売するか」を徹底的に追及しているのである。顧客満足もその場限りのことであり、本当に顧客個人のことを考えたサービスにはなっていない。

以上のことから大企業は自動化によって、「品質保証、コストダウン、供給体制」を追及するための大量販売、大量生産を目指しているのであり、そのためには購買客の大量消費が必要大前提になる。またこの三条件を満たすためには省力化、できれば無人化を図り続けなければならない。

経済至上主義の考え方は「右肩上がりの経済振興は、必ず人を幸せにする」と信じて作られている。つまり金儲けはさまざまな人間の営みを越えて、目指すべきものであり、それがすべて人の幸福につながるものであるという考え方である。しかし、大企業を中心にした経済活動は、企業法人によって行われている。株式会社に代表される企業法人は「営利団体」と言われるように、法人が利潤を上げ、これまた利益を目指して投資をした株主に、還元されることが求められているのだ。企業法人が利益を上げることは、大勢の社員全体の利益につながるとは考えにくい。なぜなら企業の利益は、売上高を上げることと、安い変動費（仕入高）、そして企業内の固定費の削減である。それらを実現するために最も目的に適った地域へグローバルに移動し、社員をなるべく低賃金で雇用し、また省力化、無人化をして人件費を下げていく。それらの行動が、社会正義に適い、人々の幸福に貢献するものであるというのが、大企業の考え方なのである。その大企業の活動を政治的にも、倫理的にも、その他あらゆる側面から考えても「是」とし「善」とする社会体制を構築する必要があった。その結果生まれたのが経済至上主義社会なのだ。

このような経済のシステムに組み込まれて生活している生活者は、それを現代のライフスタイルとして認めざるを得ない。その大量システムの結果、資源枯渇や地球環境の破壊的状況が生み出され、一方日常生活の中には極端なモノ余り現象、廃棄物の大量化があり、経済システムから人間が排除され、一方では、世界一のコストダウンを求めて、周囲の人が世界に散っていく。結果として人間関係がだんだん希薄になり、コミュニティが崩壊し、家族関係もばらばらになっていく。

しかし地域密着型の中小企業の経済行為はこの大企業とは　まったく違っている。濃密な人間関係の中に経済活動が生まれる。代償として「品質保証、コストダウン、供給体制」は多少不備になるが購買者の自己責任と、作り手の自分の商品に命をかけた「志」でカバーできるものと思われる。とくにコストダウンについては、高いものを愛着をもって大切に使い、他の生物の命を犠牲にして提供されている食品などは、極力廃棄物にしないように心がけて、買物を減らせば、**「消費は美徳である」**という考え方から**「浪費は悪徳である」**という理念に立ち返れば、少々のコストアップは簡単に消化できる。

そのことに一人でも多くの生活者は気づき、世直しの先頭に立ってもらいたいものである。

二、みんなが生きてこそ「善き社会」

収奪の究極は絶滅である。

「共有地の悲劇」というたとえ話をした人がある。

共有の牧草地で牛を飼っていた牧畜農家の集団があった。あるときそのうちの一軒が、長年の申し合わせを破って、自家だけの牛の頭数を勝手に増やした。それを見た他の農家も遅れじと数を増やしたところ、牧草の生育の限界を超えて、牧草地がそれこそ草も生えない荒地になってしまった。

この話を聞いた人は、皆納得するはずである。

しかし経済行為の中では、この「共有地の悲劇」のようなことはごく当たり前のこととして通用している。これは私見であるが、農耕民族型思考の人はこの話に納得し、長年の（先祖からの）決まりとして、子々孫々に至るまで、超えてはならない倫理として受け入れるだろうが、狩猟民族型思考の人は、

「もっと共有地を広げれば良いじゃないか」あるいは
「共有地を使っている集団の軒数を減らせば良いじゃないか」
つまり自分以外の人の権利を剥奪して、自分の権益を拡大することを視野に入れるのではないか。

共有していた従前の仲間が、そろって生き残ることを前提として考えるのは、いままでは、経営学で論じるものでなく、単なる倫理の問題として片付けられているのだろう。そこに今日の地球温暖化をはじめ、自然破壊が徹底して進んでいく原因があると思う。共有地でつながっている仲間を競合先として捉え、そのうち弱そうなところを潰す。そして究極は、自分のところが独占できるところまでやり遂げる。この場合、他の牧畜農家も同じことを考えるはずであるから、劇的な争いになる。他に勝る力を蓄え、それで威嚇することも必要である。別の選択肢としては共有している皆で組んで、他の牧草地を持つ牧畜農家を攻め、その牧草地を奪う方法もあるかもしれない。

これはまさに自由主義経済の当然のありようである。アメリカ、日本をはじめ、これからは後進国がこの思考法で奪い合いに参入してくるだろう。（共産主義であるはずの国が資本主義国以上に経済至上主義を取っている異様さ）

ただ、この収奪戦法はすぐに限界に達してしまう。地域で見てもその事例はたくさんある。以前は商店街が皆で相談して、観光客を集めるためにお金を出し合ってイベントをしたり、飾りつけをしたりした。うちの店に客を呼び込むために他の商店を潰そうとするのではなく、商店街全体の繁栄を協力して作り上げていったのである。

しかし地方に進出してくる量販店はどうだろう。一応地元商店街との共存を図る姿勢は地域協定をして示してはいるものの、ほとんど相手にしていない。量販店の集客手段はすでに解明されていて、商店街を向こうに回してもはじめから勝負は決まっている。「品質保証、廉価、供給体制（最近では二十四時間営業の店も増えてきた）」どれをとっても、消費者の意識改革がない限り大丈夫である。つまり商店街が共有地として一生懸命育ててきた地域を、彼らはやすやすと収奪してしまうのである。それぞれの地域の町おこしは、商店街の人たちと、地域の消費者たちとが営々と築いてきたものである。

交通の便、伝統文化の維持、数々のイベント、人口の増加を願って打ってきたさまざまな努力が（長い歴史的な努力の結果が）簡単に奪われてしまう。

だが大型店にとっても事態はまったく安心かというと、同業他社との戦いという悩みを抱えている。私の地域でも家電製品の量販店の出店が続くのに驚いている。すでに地域の需要を満たすのには、最初の大型店だけでも足りているはずだが、どういうわけか、周辺地域を入れると後、数社の出店が続いている。これは絶対数が過剰であることは誰の目にも明らかである。業界内での競争に勝つか負けるか、量販店同士の熾烈な戦いになっているのだ。そして何社かが必ずつぶれる。

彼らは「共有地の悲劇」の話を聞いていないのだろうか。

三、グローバル化は、欲望といさかいに終始する

いま地球上ではグローバル化を、良しとする考え方が大勢を占めている。とくに情報化の時代になり、世界の事情が、マスコミの目を通してではあるが、つぶさに知ることができる。人種が違い文化や宗教、倫理観が全く違う国の人々もその暮らし方に触れるとき、私たちは親近感を覚える。その国の人々が貧しくて、困難にあえいでいれば、何とか救済の手を差し伸べなければならないと思う。また、豊かな国の華やかな側面を見ると、その国を真似ようとする風潮が生まれる。

ことに経済の世界では安い人件費を求めてネットワークが張られてきた。後進国と呼ばれる国々の過酷な自然の中で暮らす人たちにとって、工業化社会の経済のもたらす豊かさは想像を超えていただろう。そして産業革命を経験したように、工業化社会に殺到してきているのだ。それでも経済至上主義国から見れば、極めて安い人件費で生産が可能になる。先進国と呼ばれる経済至上主義社会にとっては、コストダウン

は至上命令であるから、当然、生産は後進国に集中し、消費と廃棄物は先進国に集まるという図式ができ上がる。

これは人種の違い、国の違いを超えて富の分散、豊かさの共有につながり、決して悪いことではないという議論も成り立つだろう。しかし、工業化社会が、地下資源を使いまくり、生産性を挙げるために機械化による大量生産、そして大量消費を生み出し、そのために自然破壊を起こし資源の枯渇を招いたような先進国の悪い事例が、何倍にもなって世界のいたるところに撒き散らされる可能性を示している。

また一つの製品が市場に出るためには、原料から一次加工、二次加工、最終加工と過程を経て、一般の市場から消費者の家庭に入るまでの、総輸送距離は莫大なものである。そのために消費される石油エネルギーの量、そして廃棄される温暖化ガスを考えると、経済的なコスト計算では辻褄が合っていようとも、地球規模で考えられる環境負荷は実に莫大なものになる。

この経済界の考えるグローバル化は、各国の生産物の需給関係を、自由貿易の観点で野放しにするものである。これを進めると各国の自然環境、歴史的経過の違いによる特色が失われ、資源国、農業国、先進工業国が、世界需要を当て込んで偏った分野での過剰生産にはしり、一層、地球温暖化への悪条件をつくってしまうことになる。

私たちは地球温暖化の原因を除去するために、生物系資源を中心に据えた循環型経済システムをつくらなければならない。これは地産地消をするうえでも、生物の循環条件が絶対的な枠組みとなる経済でなければならない。世界を駆け巡る物流を前提として、また自立した経済システムが確立できない、偏った生産国や消費国ばかりを作ることが良いことではないのだ。

わが国においても然りである。

農業生産は各国の自然条件によって決定的な違いがある。工場を建て機械を搬入すれば、世界のどこで作っても同一条件でできる工業生産と違って、農業は気象条件、農地面積、地形上の条件によって制約を受ける。広大な農地で大量生産をするアメリカの農産物と、わが国の農産物とはコスト的にはまったく競争にならないといわれている。経済行為として考えるならばコストの安い農産物は当然輸入されるべきものだが、これでは国家の基となる食料の大部分が外国依存になる危険があるので、関税その他で輸入制限を行っている。これは国家の存続を考えれば、非常に重要なことだ。だが世界の要請は自由化にある。しかし国家は自立できなければならない。グローバル派は各国の協調で世界平和のうちに、食糧依存型国家でも存立は可能であると見ているのか。

人類の永遠の存続を考えるとき、最大の課題になることの一つに過剰人口の対策がある。この百年間の増加を考えるとき、人類の将来について人口削減の問題をどう考えるか。生物学者によれば生物には種の減少期というものがあるとのことだが、それはどのような現象を社会に、国際間に、国家に与えるものなのか。

私はそのことを知りたいと思う。

しかし、現在の地球温暖化の段階でも、水不足による砂漠化、その一方で集中豪雨による洪水問題、氷山の溶解による海水面の上昇等により、人類は深刻な影響を受けるだろうといわれている。そのようなときに食糧の多くを輸入に頼っているわが国が、今後の生産国の事情によって深刻な影響を受けないとは、断じて言えない。また最近の事情で、澱粉から取るエネルギーやプラスチック原料として、本来食糧として供されているものが産業用資源として使われだしたとき、地球的に、本格的な食糧不足が生じることがいわれている。わが国の自主、自立を守る上からも、グローバル化は「ほどほど」にして常に限界を設けておくべきだ。

四、地域主体の繁栄は中小企業によってつくられる

大量生産、大量流通は大型化すればするほど一極集中型になる。情報化社会は一極集中を防ぎ、地方の自宅にいても時には海外とも瞬時で情報のやり取りができるということで、地方在住型の会社勤務が可能になるなどと言われ、期待されたこともあったが、それはほんの一部の職種で、しかも業務委託状態の勤務に限られているようだ。

私の会社は、父の時代に紙問屋からスタートした。創業当時は紙問屋も地方なりに客先もあり充分成り立った。主たる販売先である印刷業界も、いまのように需要家がプリンターで印刷をしてしまうことのなかった頃である。地方のスーパーも地方に本社機構を持ち、企画部や広報部も持っていたので、量のまとまったチラシなど印刷の発注も地方でされていた。出版にしても地元の出版社が、官庁はじめ地域の文化関係の出版や、

自費出版、周年記念誌等を引き受けていた。しかしスーパーはM＆Aなどで大型化して、本社は東京など大都市に移り、地方でのまとまった印刷は、大都市の印刷会社が、デザインなどの優れた周辺技術とともに廉価で参入してきて、地元業者を駆逐してしまった。いまや地方においては一県に二、三社の大手と、後は内職程度の印刷業者が残るだけになっている。このためにわが社の印刷用の紙販売も、地方では成り立たなくなりこの分野は廃業した。

紙問屋などは一部の事例で、その他の地方問屋といわれる業種も、追々、地方から姿を消してしまった。高速道路ができ、新幹線が県内を走るようになると、大都市の商社が地方問屋を介さず、交通の利便性で直接営業活動の範囲を広げ、地方の繊維問屋をはじめ日用雑貨その他の卸業を駆逐していったのだ。

そして次には大型量販店がなだれを打って進出し、商店街が一部の観光産業、みやげ物店として残ったものを除き、日用雑貨を売る店としては、ほとんど経営ができなくなった。

商店が衰退すると生鮮品を扱う卸売市場が、これもなくなった。

大型量販店は独自の生産地からのルートや、外国製品を扱う輸入商社を通じて仕入れるのだ。

このように交通・情報システムが完備されるに従い、地方問屋、小売店が無用のものになった。しかし最終消費者の手元に商品は間違いなく届いている。ただ、地域を守る地域の人たちの町づくりは、ささやかな観光開発以外、非常に困難になった。

もっと深刻なのは、地方都市の商店街を支えてきた周辺の集落群だ。

農村地帯であり、中山間地域といわれるところから人々は姿を消しつつある。言うまでもなく、仕事がなくて生活していけないからだ。

その救済策に各地方都市はこぞって企業誘致を図った。広大な工業団地を造成して生産工場を誘致し、雇用と税収を確保しようとしたのである。

これも経済至上主義に至る過程では成功したところもあるようだが、その企業誘致も計画どおり進まず、大部分の地方都市の財政は大変な赤字を抱え、破綻寸前であるといわれている。

せっかく誘致した企業が大規模化するにしたがって、整理統合でリストラされたり、海外に移転をしたりして閉鎖されたり、本来、雇用と税収を図ることが目的であった企業誘致が、結果として外国人就労者を迎え入れることによって、肝心の日本人の就労条件の悪化を招いたり、税収どころか人口の少ない地方小都市にも外国人の子女の教育問題があり、それぞれの学校に外国語のできる教師を必要としたりする、マイナス面がでてきている。

当時、このように経済の発展に当たって影響を受けた地方都市が、対策として取った政策は、決して自立型のものではなく、外部依存型であった。それはその当時の考え方としてやむを得ぬ決断であり、ほかに選択肢のない方法であったかもしれない。

しかし、いま、地球温暖化を防止する、ほとんど唯一の方法として持続可能型社会の実現を模索しているときこそ、自立型地方都市の政策が、住民の合意を得て進められるべきときなのだ。

端的な例が、工業化社会は資源枯渇を考えにいれない収奪型思想で、資源の循環など考えずに突き進んできた。そのために地球が滅茶苦茶になろうとしている。

それを生物系資源に変えようというのであるから、工業化社会とどこが違うかといえば、原料とする生物の育成の期間に合わせた生産のサイクルに抑制することが求められる。ナノサイエンスの成果として、木材のなかに工業製品の原料となる素材を見つけたからといって、木材が育つには少なくとも数十年の歳月が必要なのだから、そのサイクルを超えて使ってはいけない。これが持続可能型社会の経済をつくる絶対的な条件になる。

多分自然の成長のサイクルで資源を得ようとするならば、資源はかなり欠乏するだろう。代替エネルギーを使う分野は、何はさておいてもまず省エネを実行することが必要である。数万年かかって蓄積されてきた石油資源をわずか百年で使ってしまう、愚かな人間のすることとである。

たとえば木材にしてもその他の澱粉系の植物資源にしても、使用抑制を厳重にしなければ、まさに自然の循環はもたないことを充分認識すべきだ。

それらを考えるとき持続可能型社会における経済は、それぞれの地域の中小企業のレベルに、抑制しなければならないことに気づくはずである。

結果として、その生産規模で社会を創ろうにも雇用ができず、巷には失業者が溢れる可能性が考えられるが、そのようなことのないよう、修理するものは職人の手によって修理をしながら使い、自動化で大量につくられていたものを人間の手作り、もしくは手作りに近いものに代える。

そのことによって、雇用を生み出し、作り手の技量やその製品に対する志のようなものが買い手に認識されて、買い手も一生ものとして大切に使うようになる。消費者がモノを大切に使えば、生産抑制された中での需給のバランスが保たれる。そうした個々の人間の技量と働きが尊重され、モノを大切にする生活習慣が帰ってくるような経済システムにしなければならない。

これを書きながら思うことであるが、持続可能型社会はつい最近まで（たとえば一九七〇年ごろ）行われた社会習慣なり、システムに戻すことである。それに科学技術の知恵を加えながら「古くて新しい」習慣を作ることになるのだ。これはまさに中小企業の独壇場である。先見性と見識を持って取り組んでいきたいものだ。

五、企業の巨大化は人間を排除する

資本主義経済が発展すると、同業他社との競合に勝つためますます巨大化し、最良の条件を求めて国際化する。経済学、経営学はこの巨大資本のあり様を研究し更なる発展に役立てている。

企業経営とは、企業法人の収益と成長拡大を最優先とし、その企業に働く社員や下請け等、労務提供者の利益はほとんど考慮されていない。

つまり、経営者は株主の負託を受けて株主のために働いている。当然株主は期中の利益から配当を受け取り、結果として株価の上昇が得られれば、目的を達する。その企業に働く社員や、下請け、関連企業で働く人々は、まさに機械と同じで、安い機械で高い生産性を上げることが、経営者の力量であると評価される。

したがって製品について、人件費の圧縮、下請け等からの部材の購入費の引き下げが、経営の主要部分となっている。個の製品に掛かる人件費の圧縮は、時間当たりの生産性を上げるか、省力化して人員の削減をするか、賃金を引き下げるかである。

マーケットがグローバル化によって競合先が世界に拡大されることによって企業間競争は一段と厳しくなり、省力化は無人工場にまで進み雇用は正規雇用から不正規雇用へ、外国人労務者の雇用へ、ついには工場そのものの海外移転など、働く人々にとって好条件に向かっていくものは一つもない。

つまり、経済の発展は、あるいは好景気といわれるものは、企業法人がいかに利益を上げたかであり、その企業に関連して働く人々の利益には（経営者の報酬は別として）直接関係していない。

人間性の排除については、大量生産、大量流通の過程において、一つにはコストダウンのために行われてきたのであり、その他、精度の高い機械を導入し自動化することによって、品質の安定を図ることも考慮されている。また情報機器や、検査機器も精度が高度化し自動化が進んでいる。

これは生産ばかりでなく、商品の物流、市場の流通にも取り入れられている。とくに店頭での客の動きも一つのモノの動きとして捉え、自動化、無人化が研究されている。レジの無人化も早晩実現するだろう。

このことは、働く人の労働環境の悪化ばかりでなく、消費者に対するサービス行為の激しい劣化にもつながる。無人販売の店頭で商品を選択するときの情報は、個々の商品のパッケージに記載された文言しかない。この文言が充分理解できない人は誰に聞けばよいのか、現在でも疑問に思うことである。

どんな社会でも過度な競争は人を不幸にする。競争にも限界がある。「ほどほど」にすべきなのだ。この項では大企業は常に人間を排除する方向に向かっていることを指摘したい。人間関係を重視する中小零細の企業が巻き返しを図るときに、それが大企業の最大のウィークポイントになることを知っておく必要があるだろう。

第三章

経済至上主義に代わる社会は持続可能型社会である

一、生物系資源の特性、大量生産の圧縮と人口問題

さて、現代の地球温暖化は、近代工業を背景にした経済至上主義社会によってもたらされたものだといっても過言ではない。

したがってこの解決には、地下資源に偏った工業生産圧縮の問題と、人類の過剰な拡大問題（人口増大問題）への対処が必要になる。

本来、地球で循環しバランスよく永遠の営みを続けている自然界で、人類だけが限界を超えて圧倒的に増大してしまったこと、この人口問題はまだほとんど具体的には論じられていない。これは人間が自ら手を下して解決するには人道上の問題も絡んで、なかなか厄介な問題だ。

人間が他の生物と違って進化を続け、今日の人口増大を見た原因はいろいろあるだろうが、近年では科学技術の進歩、拡大の側面は大きい。

食糧の生産を主とした農業国から、産業革命による工業化社会への転換、それによっ

て得た豊かな生活、医療や健康、福祉などの数々の発明、開発、改良になどが次々に加えられた結果であり、またこれを大量にしかも広範囲に供給できる体制を作り上げたからだ。

しかし、その恩恵をこうむりつつも、そのことによってもたらされる悪影響が人類の生存すら脅かすようになった。このまま、いままでの価値観で作られてきた体制のまま、時が経過していくならば、相当に高い確率で、人類は存亡の危機にさらされることは、いまは広く認識されている。

「現在の社会の中で葬らねばならないものは何か」、そして、「新たに加えなければならないものは何か」を明らかにしなければならない。しかも、それを実現するプロセスも明らかにして、できれば全地球的に共感を得て、即実行する必要がある。

いま、一番の問題となっているのは過剰な工業生産によって、消費されつくしている地下資源の枯渇の問題であり、そこから取り出されるエネルギーの副産物による自然破壊の問題である。

この問題はどちらかというと人間の行動を規制すること、あるいは欲望を抑制することで、まだしも取り組みやすい分野である。しかし、食糧問題や地球上の水問題、気候異変などは、どう対処すべきか各方面の識者の発言を待つ以外にない。

石油資源に代わる代替エネルギーの開発は、消費量の劇的な削減行動とあわせて、供給量において問題はあるものの、生物系資源で少しは何とかなりそうだ。もちろん鉄や銅その他、鉱物資源に取って代わる代替品が得られるかどうかは、私ではわからないが、おそらくは現代の科学技術の力で少しはできるだろう。

問題は生物系資源の供給量の問題である。

生物系資源、この場合は植物をさすが、種子をまいて芽が出て発育して、資源として用の足りるところまで成長するには、ずいぶん長い年月を必要とする。もちろん一年生の植物からも利用できるものもあるが、これとても土壌の疲弊の速度から見て、自然の許容範囲を超えた使い方をすると、砂漠化を招き取り返しの付かないことになる。

遺伝子組み換え等によって、促成栽培のものや、多収穫の植物が考案されても、土壌の再生、循環も配慮することが必要だ。またすでにその兆候があり、問題視されているが、本来食品として存在するはずの穀物などが、代替エネルギー資源として、あるいは工業原料として使われだすと、大勢の人類の餓死を招くことになる危険性がある。おそらく経済の原則にのって、価格の高いほうに穀物が流れていけば、食糧は一度に底を付き、大問題が引き起こされるのは必至だ。

つまり持続可能型社会を形成するためには、何はさておいても抑制が肝要である。作って売れば儲かる、だから大量につくり続け、あるいは、使い捨てのライフスタイルに慣らされた生活者が、経済至上主義時代と同じように、モノを大量に求め続けるならば、持続可能型社会は成り立たない。

どの程度のモノの供給をもって限度とするのかは、いろいろな分野から語られようが、かりにいまから三、四十年前の一九七〇年代当初の生産性を一応の目安として考えてみるべきではなかろうか。

ただし人口問題で言えば、戦後日本の人口は七千万人だったのが、いまでは一億二千万人まで増加している。いまでは幸いにしてわが国は人口減少時代に入った（といわれている）が、一九七〇年ごろは、地球の人口は現在の二分の一程度だったはずである。人口が増大し続けるなら自然の循環のサイクルにあわず、自然と共生していくことはできずモノの生産を抑制することも不可能となる。

世の識者たちはわが国の人口減少に警鐘を鳴らすのではなく、少数化する人口、年齢構成を前提として、そこでいかに社会システムを稼動させせるかを研究して欲しい。そのほうが未来に対する有意義な示唆となるだろう。

二、人が自然のなかで自ら働く社会

さて、持続可能型社会は現代の工業社会の価値観、概念を覆し、経済性よりも人間の幸福に目標を定めるものである。工業社会は、生産性の向上が至上命令であり、向上させた結果得られた大量の製品を大量流通で売りさばくのが企業目的である。その収益を株主と経営者に分配することだ。

持続可能型社会とは、生物系資源を使って、生物の循環の範囲内で生産活動を行い、その範囲内で流通、消費が行われる。それ以上の生産性は資源の側面から、消費の側面からも受け入れられないものにしていく必要がある。

生物系資源とは一次産業である農業、林業、漁業の世界である。

農業について考えてみても、とくにわが国の国土のありようからして、中山間地が多く、機械化に適した広大な農地にはあまり恵まれていない。したがってアメリカの農業と根本的なコストの違いが指摘されている。経済社会のシステムからすれば、日本の米作りは競争に勝てず、輸入米に頼るしかないのであるが、それでは自立国家としての存在が危なくなる。

いま、政府も平成の農政改革を実施中で、集団営農が実施されようとしている。これによってコストを引き下げ外国産に対抗しようとするものであるが、これは過去の経済システムの考え方であり、農業経営を大型化することによって、大量生産化を進め、生産コストを下げようとするものだ。これも農業の一端を背負うものとはなるだろうが、そのことで日本の米作り全体を網羅することはもちろんできない。大型機械など入らない中山間地域が見捨てられることになる。

大規模農業は食糧確保の中核とはなっても、ちょうど大企業がわが国の経済のリーダーシップを取り、中小零細企業がその経済の周辺を支えたように、農業においても兼業農家、家族経営、ユーターン組、高齢者農業等、米作り専業でなく、野菜、果物、その他の穀物、ときには建築、炭焼き、林業など家族や周辺の人たちによって、自給自足に近い形で残る小規模な農業が全体を支えることになるのではなかろうか。現在もこのような兼業農家は存在する。

しかもその中には最初から志を立ててこの道一筋に打ち込んでいる人たちも大勢いる

のだ。機械化して省力化してコストの安い製品作りをする農家だけに目を向けずに、実際に国土を守り、山間地を守り、地域を守っている中小零細農家にも支援の目を向け続けて欲しいものだ。

わが国は経済立国を目指し、経済が取り扱うものを対象にした理工系を重視し、企業もモノづくりをする企業が賞賛され、子供の学力も文系より理工系が注目を集めてきた。

経済社会で激しい競争を生き抜くためには、止むを得ないことでもあったろうが、反面、低所得に耐え、地方にあって地域を支え、地方文化を継承してきた人たちが社会的には評価されてこなかった。

どちらが社会貢献を果たしたかというと、いまではすでに答えは出ている。

経済至上主義社会の尖兵となり、世界に羽ばたいた高給取りのサラリーマンや、その尻馬に乗って煽ってきた高級官僚たちが、この地球温暖化に拍車をかけたとするならば、これを正そうとしている持続可能型社会にあっては、この誤りを二度と起こしてはならない。

大自然の中で、農業、林業、漁業など第一次産業に、人間が汗をかき、生物をそだてることから生産活動を開始することの意義、価値観を改めて見直すべきだ。現場を知らない机上論の官僚や、利殖しか考えない株主の偏った負託にこたえることしか念頭にない大企業の経営者たちにも、人生を生きるということは何か、人の真の幸福とは何かなど、経済行為以外に命をかけるものがあることを認識してもらいたいものだ。

三、いのちの「循環」を使う「もったいなさ」

自然界に生きるわれわれ人間にとって、自然との共生はまことに当たり前のことで、自然を支配し、作り変えてもよいという思い上がりは論外である。

自然との共生をしている以上、自然の循環のサイクルを無視した自然破壊をしてはならない。経済行為であれば（金儲けのためなら）何をしても許されるということは決してない。それが現代の自由主義経済社会では許されていることが間違いなのだ。

直接、人に害を与える目に見える公害等については、規制、禁止をしているが、限りある地下資源をどれだけ使っても、またその製品なり、機械なり、その存在そのものが社会に害を与えるものであっても、目先の問題を引き起こさないものに対しては、極めて寛大である。

しかも法治国家として法律遵守は当然のこととして受け入れても、法律に書かれていない社会基準、倫理、道徳をはじめ、世にいう良識によって戒められてきた戒律のようなものには、ほとんど関心を寄せていない。少しあれば便利であり役にもたつが、大量にあることによって人間に害を与えるものや、市場の要請があるからといって、社会悪と成っているにもかかわらず、これらをいまだに大量生産を続けてやまない大企業はいかに多いことか。

環境倫理を集約し簡潔に表現した**「循環・共生・抑制」**は、けだし名言である。

自然界のあらゆる存在はすべて有限であり、すべてが「循環」して半永久的に存続していく。親の胎内から生まれた子供が、親の愛に育まれて、どんどん成長していく。ある時期が来るとその子供もまた成熟し、また子を作り、育む。親は常に年老いて死んでいく。そのようにして子は無限に繰り返し、親の世代を引き継いでいく。これはこの世に存在するすべてのものの「循環」であり、誰も、避けては通れない道だ。しかもこの世に生を受けたものは、「循環」を成し遂げるために必要なモノを、他の生物から奪い取って生存し、自分の「循環」を守っている。

人類もこの生存のための営みを「循環」のサイクルの中で行う必要があるのだ。百年のヒノキを使って家を建てれば、百年住み続けて、次のヒノキの成長を待って建て替えるのだ。酪農家のたとえ話の「共有地の悲劇」のとおりである。

持続可能型社会は、生物系資源を中心にした社会システムを基本とするのであるが、それぞれの場面で使う植物にしても、決して短期間に使いすぎてはならない。地下資源もそうであったが、地上の生物も循環のサイクルを壊して、使いすぎると絶滅してしまう。土壌破壊もそうである。たとえば遺伝子を組み換えた多収穫の作物を集中的に栽培し、大量生産を図った場合、土壌の砂漠化の可能性もでてくる。

持続可能型社会の表現をもちいながら、資源循環が安易に説明され、資源の再生利用が無限に可能であるような錯覚をすれば大変なことになる。代替エネルギーや、プラスチック原料としてすでにでんぷん系植物がバイオマス原料として使用されはじめられ、とうもろこし、大豆、さとうきびなどが食材からエネルギーや産業資材に代わりはじめている。産業資材はモノが不足しても相場を上げることで流れを変えることもできるので、そのあたりのコントロールを適切に行う必要がある。

さて、「循環」を日常的に表現すると、「もったいない」に尽きるのではないだろうか。使おうとする生物が成長し「循環」する期間を待って使い始める。あるいはその生物の繁殖力の範囲内で、使う量の限界を決める。それを超えることは、時には取り返しつかない自然破壊になることを、戒めて「もったいない」という。

また、数多くの生物の犠牲の上に生かされている人間が、少しでもモノを粗末にすることは生物の命を無駄にすることで、「もったいない」ことになる。別の視点からは、限られた「循環」の中での生きるわれわれがその一分一秒も、貴重な時間を無駄にすることもまた「もったいない」である。

では「もったいない」の考え方をもう少し展開するとどうなるだろう。

四、自然と共生している「おかげさま」

人は何によって生かされているか。

これは宗教や、哲学の世界かもしれない。端的にいって自然界のすべての環境によって生かされているのだ。

太陽があり、地球があり、大地があり、海があり、樹木があり、植物があり、微生物から昆虫、小動物、鳥類、哺乳類その他人間関係を含むあらゆるものの恩恵を受けて生存している。

宗教では、神、仏によって生かされているというのであろう。

私の少年時代に自宅で鶏を飼育していた。餌をやり鳥小屋を掃除して可愛がり、毎日卵を食していた。そこへ泊りの来客などがあると、父親が、「鶏をつぶすぞ」と言って、のどを絞めて殺し、羽をむしってすき焼きにして食べた。すき焼きは敗戦当時は、大変貴重なご馳走であった。すき焼きの匂いが立ち込めると子供たちは小躍りして喜んだものだ。しかし料理され鍋に煮込まれようとしているのは、「あの、僕の鶏なんだ」。そう思うと可哀想で涙がこぼれそうになる。母親が、

「いただきます。ありがとうって、手を合わせて心から言うのよ」

と「いただきます」の心を教えてくれた。そんな時、新鮮な野菜も、ご飯粒一粒も、

「いただきますって拝まないとね。一粒でも残したら、罰があたるよ」

と、その言葉が身にしみてわかる気がした。

「自然との共生」というが、われわれはほんとうに自然のおかげ、先祖のおかげ、社会の皆さんのおかげによって生かされているのだ、ということをしっかりと認識すれば、決してモノを粗末には扱えないはずである。「**おかげさま**」という言葉は、まさに自然と共生している。循環の法則によって、周囲のものが生かされて使われる。現代ではわれわれ人間は、生物をはじめ無機物に至るまで、そのモノの命の尊さに無関心になってしまっているが「**おかげさま**」は「**もったいない**」の語源を示す言葉である。

たとえば自分の命について考えて見ると、母の胎内に生を受け、この世に生まれてから本来であれば、七十、八十の天寿を全うし死んでいくのが、人間の循環である。この

人の一生が、戦争とか、事件、事故に巻き込まれて、あるいは病気で若くして亡くなるということは、人の循環が全うされていないということになる。そういう不慮の死をこそ「もったいない」ことなのである。

われわれは生涯において、森羅万象あらゆるものの「**おかげ**」を被って存在している。その中では気づかずに相手の循環を犠牲にして、それこそ「もったいない」ことをしていることが余りにも多い。百年のヒノキを使って家を建てたら、「百年は住め」という。そうでなければヒノキの循環が断ち切られるのだ。とくに経済至上主義社会から、持続可能型社会に変えるということは、限りある地下資源を使いきることから、比較的早い循環の生物系資源を中心にしたシステムに変え、すべての有限な物質の循環を、未来永劫に繋ごうということが前提である。そのことをしっかり意識するために、「**おかげさま**」をしっかり認識する必要があるのだ。

五、「循環」を壊さないように、欲望は「ほどほどに」

この世の生物を含む有限なるものを、未来につないでいくためには、「循環の法則、リズム」を決して壊してはいけない。地下資源は数万年数十万年の長きにわたってつくられてきたものである。その地下資源も現在もわずかずつであっても、つくられていっているはずである。本来はそのようにしてつくられていく速さにあわせて、数万年前につくられたものを使っていくのであれば、循環の法則を壊すものではない。しかし地下資源は目に触れるところにはないので、専門家でない限り、枯渇したときに、崩壊するであろう社会システムについて至極、無関心であった。それが今日では地球温暖化と並んで、人類の未来が危惧されるところまできてしまったのだ。

持続可能型社会とは人間だけが持続するよう科学技術の力で持っていくのだ。つまり持続可能とは人類だけが持続することを可能にする社会だと考える人がいるが、とんでもない誤りである。これは、科学技術を過信する一部無謀な研究者たちの考えである。

中国では宇宙開発を、宇宙に浮かぶ星の資源を地球に持ち帰り、活用するために行っているという報道があった。自然を破壊しつくした人間が宇宙にまで手を伸ばし、収奪し尽す考え方では人類に未来はないだろう。

中国には太古の頃から孔孟の思想があった。

人間社会にも最も大切な考え方として、倫理があった。

地球上の生物がその欲望のままに限りなく他の生物を収奪していくならば、地球は極めて速い将来に不毛の地と化してしまうだろう。

倫理は、人が自らを律し、行動を起こすときの判断基準となるものである。自由主義は人間社会にとって理想的なシステムと考えられているが、自由主義社会といえども、社会規範や法律規制によって制限が設けられなければならないように、人間のみならず自然界との共生のために侵してはならないものがあるはずだ。論理的に検証できない自然の法則、神秘の世界を畏れる心が大切である。

人類はその歴史とともに宗教や哲学の世界を持ってきた。いま産業革命以後のモノの恩恵やそのモノを支配する貨幣の力が、経済システムを生み、モノを対象として研究開発する分野を最上とし、経済と、それを支えた科学技術、理工系優位、論理優位の社会を生み出した。

それに対して文系といわれる分野が軽視され、人間にとってなくてはならない哲学や文学が、経済社会に直接役立たないところから、不当に扱われている。それが今日の地球温暖化の危機を招くところまできてしまった原因の一つと考えられる。

「ほどほどに」「抑制」とは、人間の倫理を示すものであり、「共生」のためには欠くことのできない大切な考え方である。

「抑制」を持たない最大の脅威は大企業を中心にした経済界であり、その経済力を背景にした各国政権である。自国の経済振興を最大のテーマとする国々に、経済、政権の理想とは別のところに、地球破壊という歓迎すべからざる新興勢力が現れてきている。人類がいまこそそのことに気づき、行動を起こす時である。

六、自然界に生かされている人間

何度も言うようだが、工業社会や、経済社会の動きをすべて否定しようとするものではない。

しかし、このシステムの最大の特徴は、常に企業においては、生産性の向上やコスト引き下げ、最適の資材、原料の調達が重要課題であり、一方、大量消費についてはマスコミによる消費者の洗脳活動が容赦なく続けられ、全世界に張り巡らされた店舗網で消費者の囲い込みをする。この仕組みが企業間競争の三原則「品質保証・コストダウン・供給体制」に適うものなのだ。そしてそれを素早く成し遂げた勝者が、敗者を飲み込む。この原則が自由主義経済社会なのである。

この中には人間排除の考え方があり、人間は生産、物流、流通、消費の対象として扱われているに過ぎない。しかもベストを求め続ける企業体制は、グローバル化をはじめ常にその行動範囲を広げ、多くの家庭に家族崩壊ももたらしているのである。

人間社会の体制内において、衝突や収奪が繰り返されていても、まさか人類全体の滅亡の危機にまで発展するとは誰も考えていなかったに相違ない。したがって弱肉強食が数限りなく行われていても、それが自然破壊を決定づけるほどの大事に至るとは思っていなかったのである。

しかし、自然の循環速度をはるかに超えた破壊と消耗のスピードは環境破壊、自然破壊、気象のシステムまでゆがめてしまうレベルに達している。

産業革命から数百年経っているが、今日の自然破壊の現象はここ数十年のことである。科学技術の発展が産業を刺激して、新製品が限りなくわれわれの生活に供給されてきた。わが国のレベルではもう完全に充足されているにもかかわらず、すべてのメーカーは製品を開発し、作り続けている。この過剰な状態をつくりながら、まだマスコミで欲求不満をかき立て新製品の需要を呼び込む。

なぜこのようなことになってしまうのだろうか。

人間が自然との共生の中に生きていた頃は、目に見える自然との対話の中で、われわれの祖先は限界を感じ取っていたはずである。例の「共有地の悲劇」のたとえ話が素直に受け取られていたはずだ。これは、われわれ農耕民族に受け入れられやすい考え方で、狩猟民族にはなじまない考え方なのだろうか。

土を相手に仕事をするとき、「土を休ませる」「土を肥やす」ことに注意をしなければならない。植えた作物にも施肥は必要であろうが、肥沃な土壌作りが先決なのである。連作をして必要な養分を取ってしまった土壌は、他の植物に変えるか、「土を休ませる」ために一年、空地にしておくことまでする。その休ませている土壌にも施肥をすることは忘れない。この農民の心配りが経済の世界にあるだろうか。

近年、代替エネルギーに澱粉系作物からエタノールを取り出すことが始まっている。また遺伝子を組み替えた多収穫の作物を作り土壌破壊を起こし、砂漠化させてしまうこともある。こうなれば、すべては終わりである。毎年生産性の向上を図る企業論理からすれば、特段、悪い行為ではないのだろうが、その経済行為そのものが、人類の永続を妨げる「悪の行為」なのである。

自然の中で生かされている人間はどんな生き方をしなければならないか。行動の判断基準にどんな倫理観をもって臨めば良いのか。人は自然界の中で生かされている。遠い先祖から受け継いだものを、永遠に循環する子孫に伝えなければならない。

金をもうけ、人工的なモノに埋まり、快楽に耽るより、大自然の中に生きることの尊さに目覚めることが大切である。

七、科学技術主義から倫理主義へ

私は学術的なことは不案内であるから、誤りはご指摘をいただきたいが、長い歴史の中で科学技術の大変な進歩は、われわれの生活を変え、健康の維持にも大きく貢献してきた。いまも、産学連携が進み、過去の発明、発見は産業界に大きな影響を与え、それによって一般社会の隅々に至るまでに、恩恵は広く、深く浸透してきた。当然、研究者の成果も評価されてきたのである。

しかし考えてみると、科学技術の進歩は自然物に対して人工の手を加えることであり、厳密に言えば自然破壊を行うことではないか。われわれが絶対的な恩恵をこうむっている医学の進歩は、反面、人口の極端な増加をもたらした。

「人間には天敵がいないから」という人もいるが、人命の尊さを第一義として発達してきた医学や、健康に関わる科学技術の大きな成果が、そこにあったことは事実である。その恩恵を蒙りながら、以下のことを述べることはいささか気が引けるが、近年の地球上の人口の増大は目を見張るものがあり、百年を待たずして倍数に達しているのである。その結果、私や私の家族、地縁血縁のものが元気で生きていられるのである。しかし自然界にとって人間の異常な繁殖？は、やはり異常事態ということではないだろうか。

人口問題は人類と自然界との戦いであり、その結果、今日の状況があるのであり、いまもなお、そして、将来もなお、この自然界との戦いは続けなければならない。この認識に立ってこれ以上踏み込まないが、そのほかの科学技術による成果は、優れたものはその優位性をもって、多大な影響力を与えている。

たとえば自動車の発明が、人類に与えた影響の大きさはどうだろう。自動車は人類にスピードという特権を与え、その輸送力で、人間社会は拡大を続けることができた。自動車が普及することによって「モータリゼーション」という一つの時代ができ上がり、今地球上には億を超える台数の自動車が走っているはずである。

これも恩恵を蒙りながら批判するようで、忸怩《じくじ》たるものがあるが、これほど大きな自然破壊はもうないだろう。しかし自動車が人類にとってなくてはならないものになっているとしたら、この自然破壊は止まらないということだ。温暖化ガスの排気、エネルギー資源の涸渇、廃自動車の廃棄、全国に張り巡らされた自動車道とその影響、人身事故。これらの「モータリゼーション」の内在する自己矛盾が、そろそろ体制を揺るがそうというところまできているのだ。

その他、情報機器の開発、生命科学の成果、精密技術の発展は、将来には宇宙まで取り込んでしまうかもしれない「産学連携」に対して、私は大きな危機感を持っている。どんな技術にも自己矛盾を持っている。人類に良いということで開発された偉大な発明も、やがてはその自己矛盾によって人類の敵となるのだ。私はそれが科学技術の限界であると考えている。

人間の行動を抑制するもの、それは「倫理」である。したがって優れた研究開発には「倫理」の判断が必要だ。その研究開発の限界を示す判断基準が必要なのである。しかし科学者、技術者たちは「倫理」を論理性の根拠のないものとして否定する人が多い。生命科学の進歩によって生物の根源に迫って、新しい生物の創造すら可能にしてしまうときがきて、そのときに初めて、人間の存続をかけた「倫理」を示し、「ノー」といえるだろうか。

倫理は学問の裏づけのないところにも存在する。論理性ばかりに偏らず、人間としての感性をもって判断できるものがあるのだ。

地球温暖化問題に対処して、更なる科学技術を持って解決しようという、勢力が大勢を占めているようだが、それには限度がある。その限度に対する確固たる信念を研究者や政治家、経済人など世のリーダーたちに持って欲しい。代替エネルギーに対する対策は、まずエネルギーを余り使わないライフスタイルに代えること。世に提供される商品にも配慮が必要だろう。その上で「抑制」できなかった限界の中で、代替エネルギーを考えていくべきだと思う。

大企業が経営学で示している右肩上がり、経済成長第一主義は絶対にやめて欲しい。消費者を洗脳することもやめてほしい。

そして浪費を戒める社会規範、常識を作っていきたいものである。

第四章

生活者のライフスタイルがすべてを決める

一、エコ村の実験

滋賀県で二〇〇〇年ごろに始められた運動に「エコ村」運動がある。当時経済界に環境ビジネスが言われ始め、環境ビジネスは廃棄物処理から原料を再生する「静脈産業」が主たる分野として考えられていた。あわせてモノが消費され、もしくは使用されている間の環境負荷の少ない製品開発に、各社が競って乗り出してきたころだ。

太陽光発電、風力発電などの自然エネルギーを使った発電装置などが、数多く発表され、またバイオマス発電も注目を集めるようになった。

また主に製造業においてＩＳＯ１４０００シリーズの取得が一挙に普及した。日常の業務を遂行する上で、環境負荷を削減するための評価機関ができ、ＩＳＯの認定を受けることが社会貢献の一つに数えられるようになったのだ。

また生活者が日常生活の中で、工夫をすることによって目標として詳細に決められた項目を自己点検して、エコライフという習慣を普及させる運動も登場してきた。

しかしこのような努力が社会全体を変えていくことになるのだろうか。

根本的には、政治が変わり、行政が変わり、経済が変わらないことには体制が変わらず、大気汚染、資源涸渇、自然破壊、そして今日では最大の問題点である「地球温暖化」が止まるところまでは辿り着けない。いずれ辿り着けるにしてもそれでは遅すぎる。そのためには、一日も早く生活者の意識を変える必要があると思う。

生活者は同時に選挙民である。次世代の存続を考える未来型の、自然保護派の、良識派のあるいは倫理派の政治家を生み、その人たちが政党を作り国を変えていくためには、「選挙民である生活者」の意識が変わらないといけない。

また、生活の中で浪費され、使い捨てにされている商品や、程度を超えた情報機器、家電製品、自動車、そしてプレハブ住宅までを含めた新製品の氾濫を止めないといけない。これができるのは、「消費者である生活者」である。

消費者がモノを大切にし、「一生もの」として長く使っていく。そしてモノが氾濫し混乱する生活から抜けだし、簡素で、古いものが大切にされている清貧の暮らしに少しでも近づけたらどうだろう。食品も自分の畑でとれた作物で自給自足を心掛け、少なくとも周辺地域で生産されたものを使う「地産地消」の買物に代える。そんな生活者（消費者）が大勢を占めれば、経済界も劇的に変わるだろう。
そういう意味で、私たちは環境倫理の**「循環・共生・抑制」**の考え方を**「もったいない（M）・おかげさま（O）・ほどほどに（H）」**に置き換えて**「MOHの運動」**※をしている。

環境に順応するライフスタイルをやってみようとしても、現在は経済至上主義社会であり、あらゆる側面がその体制に組み込まれていて、試してみることさえ至難の事である。自動車がないことには暮らせない。近所の商店は廃業し、遠くの量販店まで出かけなければならないので、主婦も自動車が必要である。地方では会社勤めには自動車は欠かせないし、老人のボランティアや、病院通いにも自家用車が必要だ。したがって地方では一家に三台、四台の保有台数は常識である。

またテレビやゲームで育った世代が、世の大勢を占めてくると、新しいものに囲まれていないと周囲から馬鹿にされる。子供のゲームも友達の仲間入りするためには必需品なのである。また快適な雰囲気を作っている量販店で買物をするのと、自家の畑で土にまみれて、汗を流して収穫するのとどちらがよいかとなると、まだまだ量販店派が多いのではないだろうか。

※MOHの運動　循環型社会システム研究所では環境倫理（循環・共生・抑制）の普及啓発活動として季刊誌「MOH通信」の発刊「MOHセミナー」の開催等をしている。詳細は「MOH通信」のホームページをご覧下さい。

環境対応型のライフスタイルを実験するにも、ある程度長期にわたって実現するためには、その志を持った仲間が集まり、一つのコミュニティーをつくる必要がある。そこに先進的な外部からの情報や、仲間の悩みや喜びや知恵がコミュニケーションされ、その結果、自然に順応した生活環境を作り上げられ、また仲間が仲間を呼びそのコミュニティーのネットワークが広がっていく。やがては他の集落や、自治体にも拡大して、その暮らしが常識になり、そこで生まれた社会規範が、新しい時代の倫理、道徳となって大きな社会を形成していく。そんな夢を見ている。

そのまず第一歩として、小さなコミュニティーでも構わないので、「エコ村」という集落を作ってみたらどうだろうという、提言をしたのがきっかけで、多くの賛同者が集まりその努力と支援で、このたび滋賀県に「小舟木エコ村」が作られることになり、その起工式が行われるところまできた。（二〇〇七年四月二十四日に起工式）「小舟木エコ村」は滋賀県の近江八幡市の郊外の田園地帯に広大に広がり、完成すれば三百有余の戸数ができ上がる予定である。

この運動母体は「**NPOエコ村ネットワーキング**」であり、エコ村というコミュニティーを形成するに当たり「エコ村憲章」が作られている。

エコ村憲章

1. 命あるものに感動し、愛情を持つ生命倫理を育む
2. 未来への希望を育むことを最高の喜びとする
3. 地域にあるものを最大限に生かす文化を育てる
4. 環境を傷つけず、健康な環境からの恵みを大切にする
5. 個を尊重するとともに、互いに支えあう関係を強くする
6. 人々に喜びを分かち合う仕事を育てる
7. 責任ある個人によって担われる、活力のあるコミュニティーをつくる

そして、この憲章に基づき、**「持続可能な社会づくりにむけてエコ村で取り組む二三の課題**※**」**を掲げている。

この新しいコミュニティーには最終的には千人程度の住民が予想され、経済至上主義時代の住宅団地や、マンション生活とはまったく違ったライフスタイルを創り出そうとしている。住宅に隣接する畑で野菜を作り、集落内の池で魚を釣り、電力は太陽光・風

※ 詳細はエコ村ネットワーキングのホームページをご覧ください。

力など自然のエネルギーの利用を心がけ、雨水利用、下水も極力畑の肥料として利用する。また行政依存型でなく、住民の参加型で行い、住民同士の積極的な交流をはかる。さらに地産地消の市場などをつくる。その他、持続可能社会の理想とするライフスタイルを実験する場として生まれるのだ。

もちろん、コミュニティーは住民の合意で生まれるものであり、エコ村の趣旨に賛同して入居した住民が更なる向上、快適さを目指して創り上げていくものである。どのようなコミュニティーが形成されていくか、入居する住民の理想的な未来社会に対する志に大いに期待しつつ、今後の展開を見守りたいものだ。

滋賀県では他にも新しいエコ村の計画がいくつか模索されている。エコ村は住民の住居であり、入居者の生活に必要な利便性が要求されるのは言うまでもない。したがってつくられる場所によってエコ村の住民も変わってくるのは当然であり、その結果ライフスタイルも異なったものになるのは止むを得ない。

もともと従来の里山の中にある中山間地域の古い集落は、まさに自然の中にあり、川や道、樹木や草花、田畑もふんだんにあるか、古民家といわれる地元の木材を使った木造建築は廃屋一歩手前でなかば捨てられている。しかし、このような集落で生活するためには行政のサービスにも限界があり、河川の掃除、土手の修理、道の草取り修理、神社や寺の維持管理など住民同士が助け合い、地域のために奉仕活動を続けなければ暮らせない。エコ村の憲章やこれから取り組もうとしている課題は、すでに昔から存在してはいるのだ。

にもかかわらず、現存の住みよいはずのそのコミュニティーから若者が逃げ出し、取り残された老人たちはますます孤独になり、いよいよ暮らせなくなっていく。その結果、息子のところへ行くか老人施設に入るかして、中山間地域の集落は過疎化、無人化の一路をたどる。いまも廃村になっていく本来の本物のエコ村がたくさんある。

都市圏に就職し、JR沿線に居住する人たちにエコ村を体験してもらうのも意義のあることであるが、過疎化していく旧来の集落に人が住めるような社会環境づくりをして、里山の復興を目指すエコ村づくりがあってもよいのではないか。

最近、滋賀県の湖北地方で山間地に田畑を作り、木材を切り出し、自らも大工仕事を覚え、炭焼きもし、薪ストーブをつかい、自給自足を中心にして暮らそうという若者たちがでてきた。

地方都市は財政的に行き詰まり、合併をして行政コストを引き下げる政策が打たれているが、これは過疎地域活性化対策でないのは事実である。行政サービスのコストを下げるためには、住民が一定地域に集まって暮らしたほうが効率的であるのは言うまでもない。過疎地を抱える行政体ほど、広大な面積を抱えている。ほとんどが山間地だ。そこにまばらに住民が住んでいたのでは、行政サービスが行き届かず、コストが非常にかかる。したがって中山間地域のエコ村復活は、自立型の集落でなければならない。生活物資も大型量販店が進出してくる可能性はない。

その代わり「自然がある」「自給自足の可能性は充分ある」ということに目をつけ、農業と建築仕事を中心にした「百姓仕事」を復活しようという人たちである。

三年間で大工職人としての技術と田んぼを作る技術をマスターし、卒業試験は自分が棟梁となって自宅を建てることだ。それがこれからスタートする「**大工職人大学**」であり、卒業生が定住する「**職人村（どっぽ村）**」である。これも心から成功を祈りつつ、見守っていきたい。

二、ロボットか、人間か

経済万能主義が、科学技術万能主義を生み出し、科学技術万能主義が経済との連携において、対象物をモノに特化してきた。このような現実をみると一方で人間に関する研究も医学、生命学に進んだものの、科学技術や経済の範疇に入りにくい哲学、人間学、宗教学などどうなっているのかと懸念される。

仏教では、前世、現世、来世と三世について語られているが、この考え方は論理主義者には受け入れられない。科学的、論理的思考法ではこの世に有限物質として存在しているもの以外は、存在するものはなく、その有限物のはたらきによって語られる思想などは、その細胞などのはたらきであって、文科系の学域に入るものであっても、科学技術の対象にならないだろう。

人間についての解明は医療工学や生命工学など、驚異的に進歩を遂げている。しかし、人間という生き物が社会を創り、喜怒哀楽の世界を生き、さまざまな思いをもって短い生涯を閉じていく。その人間の歴史にとって宗教の教えに触れ、あるいは哲学や、文学に触れ、生涯に大きな影響を受け、救われたという人は過去にさかのぼれば何十億人もいることだろう。われわれが死を前にして救いを求めるのはもはや医学ではなく、もちろん、経済学でもなく、科学技術でもない。多分宗教ではないだろうか。

にもかかわらず、**「宗教は脳細胞のはたらきによって生まれた架空のものである」**と断定できるのだろうか。

この項で私がこだわるのは、老人介護にロボットが登場しかけているからである。医療の世界で医療工学や生命工学といわれる分野があり、体内の微妙な部分に外からメスを入れたり、人体に代わっていろんな器官の役割をするものがでてきた。この発明によって大勢の患者が救われてきたことだろう。しかし、自分の終末を迎えるときに自宅介護を希望する人も多いと聞く。治癒し社会復帰の可能性があるのであれば、治療の苦しさ、やりきれなさも受け入れられようが、もはや医療の範疇を超えて、終末介護に至ったとき、できれば、生涯をすごした自宅で家族に見守られながら息を引き取りたいというのが大方の希望だろう。

介護が家庭でできる家は限られている。したがって施設の中で終末介護を受けることも止むを得ないが、それが無理であれば少なくとも心の通った人の手にふれ、肌に触れ、言葉に触れながらでありたいものである。

経済至上主義社会は、企業間競争に勝つために人の手間を極力省いてきた。サービス業といわれる分野にまで、自動機が活躍してきている。客は新鋭の情報機器類に囲まれながら、疑問に対応してくれる人もない無人売り場でモノを買い、録音された音声で、一応は愛想よく迎えられて、客は勝手に用事を済ませて、無人のまま送り出される。人間同士の付き合いはどこへ行ってしまったのか。コストを下げ品質を統一するために人間を排除してしまう社会。そこに生まれ、家族崩壊、学級崩壊、地域崩壊、そして無人に近い職場、独居老人、最後は介護ロボットに見送られて死んでいくようなことは、ごめん蒙りたい。

われわれは持続可能型社会で、可能な限り地産地消を原則とした小さい経済社会を形成し、その中でコミュニティーをつくっていく。孤独社会になれた人々にとっては少々厄介でも、温かい人間関係のふれあいがかもし出す、心の豊かさの中に生きていきたい。

三、代替エネルギーよりエネルギー減量を

エネルギー原料の枯渇問題と、エネルギー消費に伴う温暖化ガス問題が大きな議論になっている。

われわれは実に多くのエネルギーを消費している。産業界はエネルギーなくして事業なしといえるだろう。原料から資材を取り出す段階で、膨大なエネルギーを必要とするし、資材から製品に加工する段階も、省力化による大量生産化ということで自動化が加速され、エネルギーの使用量は増大する一方である。

また個人の生活の中で使われるエネルギー量も、極端に増加している。家の内外の照明も明るくなる一方である。また家庭生活の中の自動化もずいぶん進んだ。とくに水周りの省力化は主婦の職場であるだけに激しいものがある。トイレの処理、台所の自動洗浄機、乾燥機。快適性を求めて冷暖房の充実。行動半径の広がった家族の移動。そして、世に氾濫している製品は、世界の最適条件を満たす国からグローバル化の大義名分で、

縦横に地球を駆けずり回って作られている。量販店で売られている商品で、原料から一貫して国産というのは、きわめて少ないのではないだろうか。

ところで温暖化ガスの問題でエネルギー問題が取り上げられているケースが多いが、資源の枯渇事情としての石油問題もある。現代は温暖化ガスの削減問題はエネルギーの節約というよりも、代替エネルギーに多くの関心が集まっている。自然エネルギーを入力エネルギーとして利用する、太陽光発電、風力、バイオマス、植物の澱粉系エネルギーもある。また、効果は薄くても省エネ型の機器とかシステムの開発もされている。

これらの努力も選択肢の一つとしてあることはまちがいないが、実は代替エネルギーはまた、入力エネルギーの課題や、そのための環境負荷があったり、植物系のエネルギーは人類の食糧問題を引き起こしてしまう可能性もある。経済社会の考え方としては代替エネルギーや、省エネ機器等による解決策が、経済に直接的に貢献するので、そちらを取りたがる。また行政も好景気を続けて、より大きい税収効果が得られたほうが望ましいのは言うまでもない。それでは地球環境を考える上で、エネルギー問題の解決にほど遠いことなのだ。

それよりも最低の単位では自分の体を動かしエネルギーを自給自足し、エネルギーの使用量を削減することだ。つまり、「自動車を使わずに自転車にする」「冷暖房には、団扇や炭や薪を使うようにする」「洗濯を洗濯板でする」、企業では「大量生産から少量多品種に切り替え、手仕事の部分を増やす」、そして「地産池消」を推し進め、世界を駆け回る無駄な原料、資材、製品の大規模物流を止めることなどに切りかえることであろう。

価格に対する消費者の価値観を変え、価格に関わらず良いものを買って、長期にわたって使うということが、「善」であり大量の使い捨てが「悪」であることに気づけば、安売り価格による販売量は激減し大量システムが崩壊する。従来型の経済システムが崩壊すれば、それは大きなエネルギー削減につながるだろう。

代替エネルギーの開発だけが環境ビジネスではない。同時に、あるいはもっと徹底的にエネルギーの消費削減を実行していく必要がある。そこを誤ることがあってはならない。

四、人間と人間、人間と生物、人間と自然現象

　現代は「人間と人間」、「人間と生物」、「人間と自然現象」が相対して付き合うよりも、「人間が機械」と向き合っているほうが多くなっている。

　家庭でも、テレビであったり、ゲームであったり、買い物に行っても無人販売であり、レジでも無人化が進んでいくようだ。普通のサラリーマンの仕事もパソコンをはじめとする情報機器を相手にしていることが、人間対人間でいるよりも多いだろう。

　人間と生物の付き合いも一般的には激減してしまった。もちろんいまでも酪農家や養鶏家、動物園などは毎日生物と向き合っているのだろうが、以前は普通の家庭でもペットとしてより、何か実用的な必要性があって生き物を飼っていることが多かった。農家では子供たちが鶏を飼って、学校が終わると野道に餌になる草を探し歩いたり、家の穀物の半端なものを捨てずに残しておいて、一生懸命育てたものである。卵を産ませその卵が、家族の夕食のおかずになった。そして、いつかはその可愛い鶏の首を絞めて殺し、

料理してすき焼きにしてしまう。愛情を持って育てることと、処分して食べてしまうことが、あまり矛盾なく体験的に理解できていたのである。死んだら墓を建ててやるような、いまの癒し系専門のペットの可愛がり型とは、ずいぶん違っていたような気がする。それだけ子供たちも自然の中にたくましく育っていたのではないだろうか。

都会では、整備された公園とか、公開された庭園、デザインされた屋上庭園などが自然としての美しさを見せる。しかし、自然の山野が見せてくれる壮大な背景を伴った森や林、一本の樹木でもそれぞれの個性を主張して、たくましく生えているその美しさや、野道を歩くと、昆虫をはじめ小動物が飛び交い、季節ごとの大きな変化が見られ、自然の厳しさを教えてくれる荒々しい光景もある。

私の子供の頃はその自然から学ぶものがたくさんあった。可愛がって飼っていてもそのときがくれば、食べてしまうこともできる知恵とか、生き方のようなものを知ることが多かった。河川で魚を取って、生臭い魚を自慢して包丁の背中で頭を叩いて殺し、うろこを取って刺身や煮物にして食べるのが普通の生き方だ。それらがすでに完成品として料理され、綺麗に包装された商品としてのお惣菜を、食べるところからは学ぶものが余りないだろう。

携帯電話のメールで意思を伝えることは慣れないからか、もう一つ踏み込めない。電報で緊急の要件を伝えているような空々しさを感じてしまう。またテレビやパソコンで世界の情報がすばやく入る時代に、我が家の家族との意思の疎通がほとんどできていない。相手に対する気配り、その上に立つ挨拶も、白々しいものに感じてしまうのは私だけだろうか。

外国や難しい科学の世界に通じていても、集団の中で自分の居場所が見つけられない人が多くなっている。幼稚園の父親参観の時間に、

「今日はお父さんが来ておられますから、皆さんは、しばらくお父さんとお遊びしましょうね」

といって子供を親のところへ渡しても、すぐに肩車や、キャッチボールなどで遊べる親がいる一方で、遊び方がわからず、親子で椅子に掛けて他の子の遊びを見ているお父さんが、最近は増えてきたという話を幼稚園の先生に聞いたことがある。

コミュニケーションをどうとるのか。心理学的な検証を経た論理的な勉強も必要かもしれないが、本来、人間同士の付き合い方などは体験的に学べるものであり、足らない点は両親や祖父母が、昔の知恵で教えてくれればそれで充分なはずだ。

科学技術の発展、それに便乗した産業界の経済感覚でどんどん供給されるものに囲まれて、ほんとうにあなたは幸せですかと問えば、

「いいえ、困っています」

と答える人が多いのではないだろうか。

五、価値観が変われば尊敬の対象が変わる。

時代とともに価値観が変わり、その社会に生きるものにとっての理想が変わる。したがってその価値観によって求められる人物なりできごとが、模範とすべき人物、事柄として賞賛される。

明治維新は、文明開化の先駆者が尊敬され、また西洋の先進文明に近づくことが理想とされていた。そして世界第二次大戦に入ると、軍国主義一色に染め上げ、お国のために死んでいった人、死んでいく人が尊敬された。いかに真実を求め、人間社会にとって有益な研究や意見をもっていようとも、軍国主義に反するものは非国民であり、国賊であった。

政治犯、思想犯は一国の浮沈に関わることであり、時の為政者の存在に関わるものであるから、彼らは執拗に排撃された。私は国民学校四年生で敗戦を経験した。それまでは軍国主義の教育を受けていたのであり、暴力的な教育には困っていたはずだが、教育勅語を暗記し、万世一系の天皇家を敬い奉ることにも、何の不思議も感じなかったのは言うまでもない（われわれの先輩は前線に駆り出されたり、特攻隊として死んでいったりした人もいたのである）。

その頃生活の中で最も身近に教えられた社会規範の一つに、「贅沢は敵だ」というのがあった。モノ不足の典型的な時代で、軍需産業の原料として、鉄などは鍋釜から、寺の釣鐘まで供出させられていた。着るものもなく子供は古着を着るのが当然だ。文房具類でもほとんど持てないまま学校へ行っていた。いまから思うと「ハレの日」と「ケの日」の区別など、質素倹約の上からは実によくできた考え方があった。下着の新品をおろすのは、正月か祭り、よくて入学式の日ぐらいの「ハレの日」のことで、普段の「ケの日」は身に着けるもの、食べるもの、何でも古いもの、捨てる寸前のものであった。家の手伝いも「ハレの日」以外はこき使われた。農家だったから男手は軍隊に取られ野良仕事は、女、子供、老人たちがそれぞれに皆働いた。

そして敗戦になり、外地からは兵隊をはじめいろいろな階層の人たちが、命からがら帰ってきて、家族たちと再会の喜びの声が町のあちこちで聞かれるようになった。その後、朝鮮戦争が始まり、その前後から日本経済の復興が本格化して、「所得倍増計画」

しての「日本列島改造論」などが言われ、**「消費は美徳」**とか**「使い捨てが善」**なることとして称えられ始めた。大量生産、大量消費の実践が、そのように価値観を変える必要を示唆したのである。私たちは、その価値観の変換に大変違和感を覚え、驚いた。

「贅沢は敵だ」といって、家族の中でも不平不満を言うと随分激しくしかられた。「敵」という言葉の持つ「凄さ」は、当時を生きた人でないと理解できないほど、決定的な「悪」なのであった。それが二十年も経つか経たないかの間に正反対の**「消費は美徳である」**という理念、意識が強制されたのである。国民は挙げてアメリカの奢侈にあこがれた。まだ金持ちのものだったテレビで、盛んに放映されたアメリカのホームコメディは、人間の最高の幸福を示していると、大部分の人は信じたのである。

いま、われわれは「先進国、豊かな経済大国としての環境に暮らし、幸福感に浸っている筈」である。

幸福感は、それぞれの価値観によって示され、理想の達成感であらわされる。「モノを豊かに持つことはすばらしいことなのだ」「モノを惜しみなく浪費し、使い捨てにすることが経済立国であるわが国に、立派に貢献しているのだ」という価値観を持つことになったのである。

また、右肩上がりという言葉があるが、これは収入にしろ学業成績にしろ、あるいは企業では業績であり、国家的には国民総生産の数値をグラフ化したときの棒線が、右肩上がりになっていることが、価値観＝幸福感のイメージにある時代だったのだ。

その頃、われわれは経済界で大企業の経営者になった人を尊敬した。社会的にも、国家的にも重用した。マスコミもそうであり、学校でもそのように教えた。経営学でもその人たちの「成功美談」をモデルにして纏め上げられた。政治家でも経済政策で成果を上げた人が評価された。

これは社会の最も普遍的な考え方になり、学校教育は、偏差値の少しでも高い有名大学を目指すことを目標とし、就職はその履歴にものを言わせ、一流企業、官庁に入ること。そして高給取りになり、あるいは経営者として大企業を育て上げることができた人が、時代の英雄であり子供たちの目標となってきたのである。

いまも昔も地方にいて地方の文化を守り、田畑を耕して自然を守っている人たちが大勢いる。この人たちは一般的には低所得者である。その頃の価値観では、その人たちは学校時代に勉強をしなかったせいだと子供たちに教え、

「おまえは、一生懸命勉強して一流大学から一流企業へ入って、世間を見返してやって

くれ」

と親たちは自分の果たせなかった夢を、子供たちに託して励ましていただろう。

しかし、右肩上がりの、そのエリートたちが経済至上主義を作ることによって、社会に一旦は貢献したけれども、後は地球に重大な問題を与えてしまったのだ。

いまは、その経済至上主義社会を代えて価値観のまったく違った社会、循環型社会を創ろうというのであるから、これからの価値観を変え、子供たちが将来に描く理想像、尊敬する人は違った人物像になるべきだ。

それは、金儲けの上手な人でもなく、世界を飛び回って大企業を作った人でもなく、地方にいて自然と共生して働き、地方の文化に貢献し、地域の人たちに慕われる、そういう人を理想として、尊敬するそんな社会像を目指しているのである。

第五章 持続可能型経営の基本スタイル

一、自然が相手、我慢すること、努力すること

いよいよ本題である。

経済至上主義社会は右肩上がりの経済振興策が、最大のテーマであった一つの時代である。

消費者が求めるものを供給者は必死で探し出した。たとえ、求めていない消費者はコマーシャルで洗脳するとしても、取り敢えずは人間の欲望を誘導し無制限に拡大し、その欲望を満たす商品やサービスを作り出し提供してきた。

人間の欲望は放置しておいても、いわんや拡大のための刺激を与え続ければ、限りなく膨張する。欲望にリアルタイムに応じること、欲求は待たせず、なんでも供給する。自分の欲望を満たすために自らが努力をすることを否定してしまう。

それぞれの人はモノと対していて、人間同士が助け合うことはしない。すべて身近な機械がやってくれるか、企業に頼んでお金さえ払えばなんでもやってくれる。お金がな

い場合は自治体までがやってくれる。程度の差はあっても消費者の欲望、（我慢、努力、待つことなしに）快楽、利便性、怠惰、興味、スピード、スリル、刺激などなどが提供できるように態勢をくみ上げてしまった。

そしてその努力は無数の企業がいまも休むことなく続けている。

その結果、自然破壊の問題と合わせて、人間性の破壊にまで及んでしまった。

教育問題として子供たちの辛抱のなさや、努力の至らなさ、ゲームへの没頭、あるいは学力低下などが取り上げられているが、教師や親たちだけでそういう人間性が治せるものではない。社会を構成するすべての人の意識を変え、個と全体のバランス感覚を実現して始めてできることだと思う。

その理想像としての社会が**持続可能型社会**なのである。

経済至上主義社会は自由主義経済であり、資本主義によって存在している。この社会は企業間競争の結果、勝者が大企業として残り、人間を、自然環境を、あるいは社会全体をも科学的に分析して経済システムの中の歯車の一つとして位置づけたに過ぎないのである。

持続可能型社会とは、「循環する存在＝生命体」が生まれ、成長し、子を産み、育て、自らは死んでいくこのあらゆる存在に必然的な「いのちのサイクル」を、絶つことなく、破壊することなく守っていく、そのバランスの中で人間も生きていく。それが「循環」の中で「共生」することであり、そのために絶対に守り続けなければならないのが「**抑制**」なのである。

私たちはこれを「**もったいない（循環）おかげさま（共生）ほどほどに（抑制）**」の言葉で表し、持続可能型社会の理念として掲げている。

持続可能型社会を形成する唯一の手段は、何度もいうようだが「**欲望の抑制**」に集約される。これをないがしろにして循環型社会も、持続可能型社会も、次世代への責任もなしうることはできないのだ。

したがって、欲望を刺激し「抑制」と真反対の理念によって大企業に集中した経済至上主義理論を否定し、理想の社会像として持続可能型社会を想定するならば、循環のサイクルにあわせた、「欲望の抑制」を死守しなければならないのである。

田畑で作物を作るためには、豊かな土壌を作り上げ、種子をまいて、育て、実って始めて収穫する。たとえば遺伝子の組み換えなどで多収穫の作物を作り、土壌が疲弊するのも構わず、収穫し続けるとその土壌の循環機能は破壊されてしまう。それは残念ながら工業社会が犯した自然破壊のレベルではない。直接自然を対象にしているだけ致命的なことになる。

この原則は持続可能型社会の経済システムでは絶対に守らなければならない。持続可能型経済の基本理念は「**待つこと、我慢すること、努力すること、助け合うこと**」その他、人間と人間、人間と自然のバランス感覚が、最大のテーマになることを自覚する必要がある。

金儲けのために経済があるのではなく、人々の幸せのために経済が、社会の一部としてあるのである。無制限に欲望のままに「抑制」を知らずに事業を進めるものがあれば、社会は指弾しなければならない。

これが持続可能型経営の基本スタイルのひとつである。

二、モノからこころへ、本物のサービス、人情の暖かさ

われわれはモノに囲まれて一時、幸福の絶頂を味わったかに思えたが、しばらくその暮らしになじむにしたがって、その幸福感は薄れていった。

前項でも言ったように、経済界はますます欲望を刺激して新製品を出し続けてくる中で、消費者が辟易してしまった面もある。家中モノに囲まれた暮らしから脱却して田舎暮らしを求める人もでてきている。大量生産された商品を浴びせてくる大企業志向から、また別の消費者の思いが表面化しはじめているのだ。

大量システムの狙いは「品質保証、コストダウン、供給体制」を確保することであるから、徹底的な人件費の削減を行う。省人化は品質の安定にもつながる。大量流通のセルフサービスはますます進んで、無人化に近づく。そしてついにはインターネットによる通信販売に至るのであろうか。

人々は大変な孤独に陥っていく。人間関係の希薄になった社会で育った人たちは、人

付き合いが苦手になり、ますます無人化を好むようになる。

しかし孤独になることは決していいことではない。人生の悩みや、希望、喜びを分かち合う仲間がいない。助け合う近隣の人がいない。顔見知りとちょっと交わす会話の楽しさなどという経験から遠い暮らしを続けていくことに、いま、疑問の声が広がってきているのではないだろうか。

先端商品に囲まれていても、それに飽きたとき、心が充足するのは家族である。あるいは親類、近隣の人、そして行きつけの喫茶店や商店の人たちとの交流である。体調が悪くて薬を買いにいくとき、ドラックストアーで、自分ひとりの知識で薬を選び買って帰るのと、なじみの薬局の薬剤師と、相談して薬を選んでもらうのと、そのときに交わす雑談を含めて、どちらが健康にいいといえるか、わかりきったことではないか。

大企業は無人化を狙ってくる。あるいはサービスに店員を増やしても、パートで雇用してマニュアルで教えた接客をする人たちを中心にする。これからの高齢化した消費者が、地域に密着したなじみの商店の店主の真心のこもった応対と、どちらを選ぶかということである。経済至上主義時代は、低価格競争にあけくれ、人間との交流より価格の安さに消費者のほとんどは飛びついた。もちろん価格だけでなく店頭の豊富な品揃えや、店内の快適な環境も魅力の一つであっただろうが、個人商店では真似のできない部分で惨憺たる敗北を喫してきた。

しかしモノの豊かさになれてモノ離れをしはじめた消費者（主に熟年の世代か）を対象にモノを売っていくとき、量販店のメリット対策と逆のところで勝負すべきである。

まず店主はお客が無駄な買い物をしないように相談にのる。修理の利くものは修理をする。家族の人数とか、年代、好みを掴んで、その人にとって最も良いモノが選ばれるよう手伝う。

また客は自分のことを親身になって考えてくれるその店を、大切に守り育てていく心意気をもつ。そして最も肝心なことは、価格に偏執しないことである。

良い買い物とは、買うモノの量を減らして、ほんとうに愛着を持って選んだモノを買い、それを大切にして、一生ものとして長く使うことなのである。使えば使うほど愛着がわきその商品が大切になる。供給側にとっては売り上げが減るわけだが、その分、価格が高くなっても賢明な消費者は我慢するはずである。

本物のサービスとは、相手の立場になって心配りをすることである。店主は客が無駄な買い物をしないように手伝うのが本物のサービスであって、より多くの衝動買いに誘い込むことではない。

客はその店主の心に応えて、「お返し」をする。そして長年にわたっての付き合いが生まれ、口コミでその店のよさが広がっていく。つまり、売る側と買う側とが、どちらが勝つかではなく、お互いが相手のことを考える。一体になる。そんなビジネスが循環型時代の正道になる。

大量システム時代は大量であることが「善」であった。しかし、自然環境、地球環境から大量主義は「悪」となった。持続可能型社会はモノについて言えば少量化するであろう。少ないモノを大切にすることが一般常識なる。したがって価格競争は不可能になる。定価販売、正札販売で客も納得すべきところなのだ。かといって商人は「儲けすぎ」はいけない。この道義観を持っことで信用が生まれ、口コミで広がり、末永い家業の存続が保証される。

近江商人はこのことを「家訓」を以って古くから戒めている。

三、自分の持ち物に愛着を持つ、作り手の顔の見える関係

私の住んでいる家は建築後百年は経つものらしい。田舎の過疎化する集落の中にあり、屋敷の広い、昔の木造建築である。この家は私の祖父が晩年に建てたものだという。

よく父親から聞かされていたのは、祖父から父への遺言のようなものだった。

「家というものは、昔から三代かかって建てるもんや言われてる。このことをよおく覚えとけ。

わしは一代かかってこの家を建てた。子孫が何代にもわたって住む家やから、先祖にも、子孫にも笑われん家を建てなあかんと思って、いろんな人にたずねて材木屋を紹介してもらい、棟木や大黒柱に使う木を見せてもらいに行った。

棟木は山に生えてる木を見て決めたんや。注文してその木を倒して何年も置いといてもろた。

棟梁も誰に頼むとええか、いろいろと尋ねて、『あの棟梁ならええ仕事しやはる、けどなあ評判がええ人やから、ようけ注文抱えていつ建ててくれはるかわからへん』と言うことやった。

実際、頼みに行ったら、『もう何年分も注文抱えてるさかい堪忍してくれ』と言われたけど、『そこを何とかお願いできんやろか、五年でも六年で待たしてもらうさかい』と頼み込んで、ようやく聞いてもろたんや。

それから、他家で家の解体があると聞いたら、駆けつけて壁土の古いのをもろてきて、それに新しい土を混ぜて足でこねるんや。わしと婆さんの仕事にしてた。また長い棟木を道路から引いてくるわけにいかず、雪が降るまで待って、田んぼの中を皆に手伝うてもろて引いて来たりしたもんや。わし一代でこの家建てるのが精一杯やった。とても庭まで造ることはできんかった。

二代目のお前は一代かけて庭を造ってくれ。わしが家建てたぐらいの苦労して立派な庭を造れ。それから三代目の孫（私のこと）には、家の道具や骨董品を買うように言うてくれ。一代かけて道具買うたらええもんが買えるやろ。そうして三代かけて家つくったら、家もええ、庭も立派や、家の中の道具もそろってる、三拍子そろた、ええ家ができるんや。家の値打ちはそうやって造るんや」

ということである。

いまのプレハブ住宅の買い替え年数は、平均二十七年程度といわれているが、祖父の考えでは百年以上は掛かることになる。そして家系が継承されていくと二百年、三百年の家の歴史が残るのである。そこには先祖が百姓の乏しい収入から、身を粉にして働いて建てた思いが伝わってくる。そして子孫に良いものを残してやりたい、世間に笑われるようなことをさしたらあかんという子孫の繁栄にかける思いまでが伝わってくるのである。

人間とは本来そういうものではないだろうか。また循環とはそういうものだろう。自分はしばらくして死んでいくのだが、子や孫の代、もっと遠い世代のことまで考えて、家も、家名も、信用も、できれば資産も、次の代に引き継いでいく。子孫もその先祖の心意気を全身で受け止めて、自分も末代の子孫に引き継いでいくものを残していく。それが持続可能型社会の生きざまであると思う。

家はその家の歴史を示す「財産」であった。それがハウスメーカーや、マンション業者にとって「商品」になった。何が違うのかといえば、そのものに対する愛着の度合いが違うのだと思う。

愛着はどこから来るのか。

先祖から子孫への縦の家族関係であり、そこで生まれ、いま住んでいる横の家族関係、そしてその地方に代々住み続けた地域との関わり、近隣の付き合い、学校、学友の付き合い、周辺の自然環境、それらに対する愛着である。

これは農耕民族の特性かも知れない。自然との共生は、自然の中で過去から連綿と生かされてきたことへの「お返し」の心から生まれる。あらゆるモノへの「おかげさま」があって、今日の自分があることを忘れてはならない。

経済もその中から生まれる。子々孫々に至る家を建てることと、商品の家を買うことは違うはずである。

四、商い道、企業道、経営道を

働くことはつらいことである。

労働は、生計を立てるためにやむを得ずするものであり、できれば働かずにいることが幸せなことなのだ、と思い込んで働いている人も多いことだろう。

しかし、ゲームにしてもパチンコにしてもあれほど熱中して挑戦しているが、労働として割り当てられたらどうだろう。ゲーム機のように小さな画面に神経を集中し、精密機器を操作する仕事は大変だ。体に良くないということで転職を希望するかもしれない。パチンコも狭い台に腰掛けてジャラジャラという騒音の中で、話もできないほどの音楽の中で、長時間、微妙な手加減の工夫をしながら働くとしたら、最悪の労働環境と言わざるを得ない。

職場で働くことには我慢して耐えている人が、仕事が終わればもっと劣悪な環境であるパチンコ店に喜んで駆け込むのは、一体何がどう違うのだろうか。

私はゲームでも、パチンコでも自分が主役であること、ゲームの達成感もパチンコの稼ぎも自分の選択で挑戦しているからだと思う。

労働も巨大企業の機械の一部に張り付いて、全貌が見えない中での与えられた仕事のみに集中することと、自分が発案、企画して自分の仕事として、その成果を目の前に、期待でわくわくしながら挑戦することでは、働き甲斐、労働意欲という点からも随分違ったものになるはずだ。中小企業を自らが起こし、資金を投入して働くのは、残業も休日出勤も、体さえ続けばまったく苦にならないものだ。

私は中小企業で働き、自分の果たす役割と結果が見える小さな舞台で仕事をしてきた。したがって残業が続いても出張が重なっても苦にはならなかった。また社長になってから気がついて驚いたことの一つに、長い連休前になって、

「ああ、明日から休みか。この休み早く終わってくれないかなー」

と出勤日が来ることが待ち遠しくなっていたことだ。

当たり前といえばそうかもしれないが、休日を楽しみにしてきたことを思えば、立場が変わることは、意識が変わるという大きな変化なのだ。

企業力で比較すると中小企業は大企業に及ぶものではないが、一人ひとりのやる気、結果に対する思い入れ、仕事の動機づけについては、結果が目の前で見えるだけに、中小零細企業は大企業より優位に立っているはずだ。

その社員一人ひとりの熱い思いが、お客に伝わること。これが何ものにも代えがたい中小企業の魅力になるのである。客の応対一つとっても、マニュアルで教えられたとおり女店員が大声で、

「いらっしゃいませ！　毎度ありがとうございまーす！」

と叫ぶより、行きつけの蕎麦屋のぶっきらぼうな応対をする、職人気質丸出しの親父さんの方に親しみを感じてしまうのである。

なぜぶっきらぼうの親父に人気があるかといえば、親父の作る蕎麦の味が忘れられないのである。親父が自分の極めてきたそば作りの職人芸を、すべて出し切って作っているその姿に、そしてその味に客は引かれるのである。親父の腕を名人芸と認める客にとっては、

「毎度ありがとうございまーす」

はいらないのだ。

テレビなどで、接客の練習風景で全員がそろって、

「いらっしゃいませ！　毎度ありがとうございます！」

を大声で何度も繰り返している情景を見る。頭の下げ方は何度まで下げるのか。そのとき手はどの位置におくのか、視線はどう動かすのか、細かい注意を受けながら繰り返している。そうして覚えた接客術は、それぞれが会社に帰ってからも、朝礼のあと繰り返し皆で練習していることだろう。大企業の場合一人ひとりの個性で、客を個別に惹きつけることはできないから仕方がないのだが、客にしてみると、

「ほんとうに私のことを考えてくれているの？」

と聞きたくなるところである。

礼儀作法とはそういうことだったろうか。

茶道で教えること、剣道や柔道で叩き込まれることは、もっと精神的な深みがあるのではないか。あるいはお客さんに喜んでいただくことを最高の喜びとする店主の心意気が決して偽りでないことを示す、ぶっきらぼうの親父の態度も、背景に職人としての志が輝いている限り、立派に礼儀作法にかなっていると私は思う。

中小企業が大企業に勝てる道は、この、個別のお客さんとの一体感に、うそ偽りのな

いものであることが決め手である。企業道、経営道を社長が社員とともに築き上げ、それを打ち出していく。どのようにお客さんに示していくか工夫がいるが、その志を共有したお客さんの口コミで、確固たる位置を獲得していくことになるのだ。

第六章

家業永続の願い、自然界永遠の喜び、古きものへの畏敬

一、近江商人の家訓「三方よし」で「儲けすぎを戒める」

なにも近江商人に限ったことではないが、商家では家業の永続を願って家訓を残しているところが多い。あるいは家訓を残している商家がいまも残り、家訓のなかった商家は絶えてしまったのかも知れない。

家訓は「質素、倹約して励め」「一時の儲けより信用を重んじよ」「儲けすぎず客の立場に立って考えよ」「世の中のため、人のために尽くせ」というのが多い。現代の社訓や経営理念も同じ概念が多いが、当時の家訓の言わんとするところを集約した「三方よし」（売り手よし、買い手よし、世間よし）は、決して自社の利益追求だけを考えてはいけない、「世のため、人のため」を考えて商いせよと言っている。

私も地域的には現代の近江商人の一人であるが、家訓を読んで、内容もさることながら、書かれている文脈や、その達筆にも驚かされる。おそらく家訓を残そうという主人たちは、創業当時の資金繰りに苦しんでいる人たちでなく、二代目、三代目の精神的にも、時間的にもゆとりのある経営者だったろうと思われるが、それにしてもその教養の深さには感心する。

「三方よし」の解釈については時代環境や、それぞれの企業のおかれた立場によって異なるだろうが、「売り手よし」は商売に行くのであるから、商いが成立すれば売り手にはありがたいのは言うまでもない。そして、それは当然、「買い手よし」で相手にも喜ばれるものでなければならない。

角川の字源辞典によると「商」の文字は象形文字で、字義は「子を産む股穴」、すなわち「女陰」の意とある。これを商売の意味に使うのは、後世の借用であると書かれているが、この字義の解釈が、実に良く商いを言い当てている。商いは男女二人が意気投合して性行為を行い、子（利）を生むことと同じだという。

これは双方にとって愛し合って意気投合した結果でなければ、強姦ということで犯罪行為である。男女の代わりに「売り手と買い手」に置き換えれば、「売り手よし、買い手よし」になるだろう。一方的な利益に走っては、二度と「商」をしてくれる人はいなくなる。

さて、「世間よし」の解釈はどうだろうか。

客も欲しがり商いが成り立って、商品を客に提供することは、同時に世の中のためにもなる、そんな商売を心がけようというのだ。世の中の変化のない頃はそれほど難しいテーマではないが、現在のように過去の価値観が崩れ去り、新しい価値観が生まれようとしているときは、企業にとっても将来の存在価値が疑われることもあるわけだから真剣に考えるべきことだ。

具体的に例を挙げれば数多くあるが、私の企業を例にとって説明しよう。

わが社は包装材料の加工販売を主たる業務としてきた。包装には大きく分けて、部品等の工場間輸送に使う工業包装と、家庭に入る商品を包装する商業包装とがある。工業包装は処分するときには産業廃棄物になるし、商業包装は一般廃棄物になる。包装は常に商品が最終消費者の手元に入ると廃棄される。輸送途中の商品保護と、商業包装のように店頭のディスプレー効果が目的であるから、消費者の手元に渡れば不要品である。

したがって「三方よし」の考え方から解釈すると、買い手にとっては自社の製品を輸送するため、あるいは店頭で販売するため必要なものであるから、供給されることは良いことだ。しかし、包装にも改良し続けなれければならない点がある。最終までいけば必ず廃棄されるわけであるから廃棄物の削減のためにも、そしてメーカーサイドにとっては大きいコストを占める部分でもあるので、包装資材は極力少なくてすませるか、できればなしにできれば「買い手よし」であるとともに、環境面から「世間よし」にもなるのである。

つまり「三方よし」を具体的に戦略として使うならば、「包装材料が少なくてすむよう設計をする」あるいは「通い箱を使うように工夫する」ことであって、包装業者にとって、正に「三方よし」は自己矛盾になるのだ。

常に、商品の保護、メーカーから消費者へのメッセージの役割を果たせれば、消費者、「世間」の立場になり、お客さんと協力して包装を減らすための工夫をしなければならない。事実、包装業界では売り上げの減少につながることを覚悟の上で「包装改善（削減）のお手伝いをします」というキャッチフレーズが当たり前になっている。実はその削減努力の中で包装業界は生き残っているのだ。

このような自己矛盾はすべての商品、製品にある。たとえば自動車もそうだ。「買い手」があるから自動車の供給を続ける。これは「買い手よし」である。しかし排気ガスによる温暖化防止のことを考える、「世間よし」とは決して言えない。未来への生き残りを考えるならば、自動車の生産台数はたとえ新機能の改良型ができたとしても、トータルで排出する温暖化ガスのことを考えると、全体の量は削減したほうがよい。いま直ぐに自動車の製造を中止するとかではなく、生産台数の削減に向かって進まなければならないことは、論を待たないのだ。

つまり経営に倫理があるのとないのでは選択肢がまったく異なってくるのである。

「お客が欲しがっているものを売ってどこか悪い」

「三方よし」の経営倫理を持っていなかったら、「世間よし」を視野に入れなければ、自然環境を破壊し、地球温暖化が進もうとも利益のためにはますます右肩上がりの増産に励むことになるだろう。

中小企業は企業であると同時に家業でもある。経営者は自分の子々孫々に家業を継がせたいと念じているはずだ。だからこそ自分一代の利益より信用を残し、次の世代の安泰を願うのである。そのために商いの根本は「世のため、人のために」なるものでなければならず、未来に繁栄をもたらす善循環を視野に入れ、善循環を繰り返すたびに自然が豊かになるような、次世代への継続を願っているのである。

二、世代を通して生き抜く、来世を信じる意味

自分自身は、子供を生み、育て、働き、わずかの間に一代を終えて死んでいく。子供たちもまた自分の寿命を生き抜いてこれも死んでいく。いかに努力しようとも生命の（すべての存在の）「循環」は否定することはできない。

人は働けるあいだ働き、それを終えたら貯めたお金を使って楽をして暮らそうと思う。そのために少しでも金儲けをしたい。さまざまな欲望が、金銭に象徴されて表れてくる。しかし、実は貯めた金で働かずに楽をして暮らすことが、そんなに幸福な暮らしだろうか。毎日、目標もなくぶらぶらと過ごし、退屈しのぎにささやかな趣味を持つ。だが働く喜びは何とか身に付けたものの、遊んで暮らす喜びを知らない人たちはすぐに退屈してしまう。そしてわずかの間に、病気を得て、周囲の人たちに迷惑をかけながら死んでいくのである。

「金は持っては死ねない」

まさにそのとおりだ。

商売を続けていくだけの金は儲けなければならない。社員に給料を払い、自身や家族も食べていかなければならない。それだけの稼ぎは必要であるが、限りない欲望を金儲けだけに注ぎ込んではいけない。買い手に喜んでもらい、世のために尽くすそんな商売をして、さらに儲かった財産は、陰徳として隠れて世のために使う。本人はそれで満足をして穏やかに死んでいく。子供たちあるいは奉公人たちは先代の遺訓と陰徳を受け継ぎ、世間の信用を大切にして商いを継承していく。

仏教の世界では「三世」ということを言う。前世、現世、来世である。

生命科学や、生物学の研究者たちは非科学的といって、言下に否定するだろう。しかし過去二千年余も宗教や哲学として、多くの人たちによって信じられてきたことの重みを一度考えてみたい。

現代に生きるわれわれは、先祖につながる、過去代々にわたる努力の結果としての恩恵を受け続けている。同時に先祖によって歪められた生き方があったとして、現世の人たちが困難に遭遇していることもあるだろう。先祖と、宗教でいう自分の前世とダブって見てもいい。来世についても同じことだ。人が死ねばすべての細胞が死に、魂だけが生き続けるということはあり得ないことであるが、自分の遺伝子は循環することによって生き続けているのである。

現世でよいことをしておけば、来世にきっと良いことがある。あるいは極楽に行ける。それは、現世で自分が良いことをしておけば、自分の子孫がその恩恵を受けてよいことがある。それを願ってのことではなかったろうか。

私は不勉強で間違っているかもしれないが、前世、現世、来世の三世の考え方は、この世の倫理の始まりであり、昔の商人たちが思いをこめた子孫への教えであったと思う。もちろん、来世を信じることで死をすべての終わりと受け取らず、来世を楽しみに末期まで希望を持ち続けよ、という教えとダブっているのかも知れない。いずれにしても余りにも科学技術の力を過信して、倫理、哲学、宗教の教えを蔑ろにしてはいけないと思う。

持続可能型社会とは自然界に学び、人間の根本的な生き方への問いかけであると考え、経済活動の中でも、利潤追求ばかりに走らず、「**おかげさま、お返しの心**」の思いをもう一度取り戻して、挑戦してみる必要があると思う。

三、生活者が主人公、生活者が政治、経済を変えていく

いつまでに持続可能型社会がどの程度実現し、どの程度社会システムを変え、ライフスタイルを変えていくものか予測は難しいが、そのためには、少なくともエネルギー依存を劇的に減らし、自分の体を動かして生きる、生き方を覚えなければならない。特段難しいことに挑戦するわけではなく、キャンプや登山その他屋外で余暇を楽しむレベルで生活を送ればよいのであるから、生活者が意識を変え、個人の欲望を、抑制すれば済むことである。

しかし、抵抗勢力が予測されるのは、経済第一主義で成り立ってきた大量システムの経済社会であり、その経済社会の経済力を背景にしてきた、政治、行政ではなかろうか。大量のエネルギーを消費してきた分野の縮小を実行しないことには、大勢をそのままにしての多少の努力では、難しいのである。

行政の道路、建築物などの公共投資が縮小し、セメント工場が閉鎖することによって、

温暖化ガスの排出量は激減した。グローバル化という経済的な理由だけで世界の交通網を駆け巡る大量の物資の輸送を少なくとも半減すること、自家用車の数を三割程度に減らすこと、それらをダイナミックに実行しなければ実現は難しい。

ただ、その副作用として起こる現象は、経済の縮小、分野によっては崩壊が起こることである。工業化社会の好況はなくなり、各企業はリストラ、工場閉鎖、倒産に追い込まれるところも出てくることだろう。現在の好景気の中でも、リストラはあり、人材派遣や、パートの雇用でどうにか凌いでいる企業も多いが、その結果、失業者や低所得者との間の所得格差問題がクローズアップされてきている。

持続可能型社会になれば、既存の経済至上主義社会のシステムの中の企業に働く人たち、あるいはその周辺の企業群で働く人たちには、大打撃を与えることになるだろう。しかし、大量システムの大原則だった「コストダウン」指向がなくなり、かつては排除されてきた人手間による生産加工が復活し、少量生産、地場産業による地産地消に代わっていけば、いまの需要が仮に半減することになっても、手加工生産はフル稼働ということになる。量販店による無人売り場に人が立ち、一人ひとりの客の応対をすれば従業員を増やすことになり、失業問題は解決することになる。

ただ、ここで大きく意識を変えなければならないことがある。それはいままでの常識であった「品質保証、廉価販売、完璧な供給体制」を供給者側に一方的に求めることを止めることである。

賞味期限が記載されていれば、中身を確かめもせずに廃棄してしまうことは止めなければならない。明らかに腐敗しているものを売ることはないにしても、客も自分の鑑識眼で選択する能力を持つべきだ。

グローバル時代はすべての商品が相当の期間と輸送距離をかけて運ばれてくるため、包装による鮮度保持が進歩したこともあるが、本来の意味での、新鮮さ、鮮度が売り場で客によって確認されるということはなくなった。客は包装に表示された「賞味期限」を見るだけである。

地産地消で無包装の魚の鮮度は、店の信用をかけた保証と客の鑑識眼に頼らざるを得なくなるのである。

そして価格の問題。これば消費者が良いものをできるだけ少なく、無駄にならないように買い物をする。そして良いものを大切に扱う。食品であれば、安いからといって大量に買って大量の廃棄物を出すことを止める。繊維製品も高くてもよいもの、気に入ったものを買い、長いあいだ着て、「一生もの」として大切にする。住宅も木造建築を大工の棟梁と意気投合して建てた家に百年二百年にわたって住む。「古いものほど価値がある」。この価値観に帰って、現在のような新製品の魅力に取り付かれて新しいモノを次々に買い求め、そして最後にはモノに埋まって動けなくなる愚を捨てないといけない。その結果、値段の安いものに飛びつく生活者の習慣を止めることにならないといけないのである。

いまの経済社会は価格競争が最大のテーマで、ほとんどの商品が国産から輸入品に代わっていっている。しかし消費者の嗜好が高級品に変わり、価格より品質の良さ、製作者の顔の見える関係が生まれれば国産品が愛好されるようになる。製造や流通を担当する人たちもその消費者の心意気に応えなければならないのはいうまでもない。

また、二十四時間、そして一年中欲しいものは何でも手に入るいまの流通システムは、巨大機構の量販店の一人勝ちを生んでいる。

自然の中でできるものは四季に応じた「旬」がある。「旬」のものを少し早めに食べる喜びを「初物食い」といって贅沢の一つに数えられていた、そんな時代に戻さなければばならない。

また真夜中に買い物に来る人のために、終日営業をする必要があるだろうか。また「売り切れ」という言葉も大量流通の世界では死語になっているが、数を限定して職人が作るものには、売り切れが必ずある。だから売れ残りの廃棄物が出ないのである。

これだけのことを生活者が我慢し、この考え方を楽しむことができれば、その消費者の意向に合わせて産業は必ず変わる。またそうした制度や、体制を作るための政治も選挙民である生活者の意向が変われば必ず変わる。


持続可能型社会実現のための「革命的改革」は生活者の意識にかかっているのだ。また、そのためには生活者が現在の社会に重大な危機意識を持たなければならない。それを明らかにしていくのは世のリーダーたちの「天命」だろう。

その目覚めた生活者とともにあり、生活者と一体になって、本当にほしいもの、必要なものに限ってつくり続け、次世代、三世代と永続して未来を共にするのは、中小零細企業のみである。巨大資本主義による巨大企業が、化け物のような虚構の存在になり、人類は言うまでもなく、自然界を飲み込んでしまう恐ろしさを、いまこそ認識しなければばならない時だと思う。

繰り返して言う。「経済至上主義を変えることができるのは、選挙民であり、消費者である生活者の意識が変わることであり、これからも、未来永劫にわたって、生活者とともにあり続け、本来の経済社会を支えるのはわれわれ中小零細企業である」と。

あとがき

　持続可能型社会を実現するということは、時代を過去へ戻すことではないか。産業も最新の科学技術も、そしてライフスタイルも、せっかく培ってきた人類の成果というものを捨てて、過去へ戻すことなどできることではない、という反論がありそうである。もちろん、過去へ戻すことが目的ではなく、自然との共生をはかり、すべての循環の中で人類が生存することを前提としての科学技術や、産業、経済であるならば、現代の延長線上で善しとするものである。たとえば、自動車を地球上から追放しようというのではなく、自然循環の許容範囲での台数に減らすことを実行しようというものなのだ。エネルギーも新油田の開発や、代替エネルギーの模索、自然の入力エネルギー利用、その他さまざまな研究開発が続けられるであろうが、まず必ずやり遂げないといけないのは、エネルギー利用の削減である。現在のようにすべてをエネルギー頼りにするのではなく、現在のエネルギー使用をたとえば半減させるための、社会のあり方に変えようというものである。

よく言われるように「環境と経済は両立する」という論をなす人がある。しかしそこで言う経済とは現行の経済そのもののことではない。生物資源に変えても経済活動があるのは当然であるが、地下資源を無制限に使いきるような、大気汚染や、廃棄物を出しまくる大量システムの経済が、そのまま残ることはあり得ない。したがって「環境と現行の経済は両立しない」。ならば「環境と両立する経済とはどのような経済なのか」を真剣に考えるときであると確信している。

いずれにしても循環型社会、もしくは持続可能型社会を生み出すということは並大抵のことではない。未来に対する危機意識を共有して人類が真剣に考えなければならない重大問題なのである。ときには既得権をもつ抵抗勢力の抵抗にあって、戦うことも辞さない決意が必要であると考えている。

■著者略歴

森　建司（もり・けんじ）

1936年、滋賀県生まれ。現在、同県長浜市在住。
循環型社会システム研究所代表。新江州㈱代表取締役会長。中間法人バイオビジネス創出研究会理事長。NPOエコ村デザイン協会理事長。NPO　EEネット会長。MOHの会（環境倫理普及運動）代表。

著書：『吃音がなおる』（遊タイム出版）
『循環型社会入門』（新風舎）
『中小企業相談センター事件簿』（サンライズ出版）

中小企業にしかできない持続可能型社会の企業経営

2008年２月20日　初版１刷発行
2012年９月１日　初版４刷発行

著　者／森　建司
発行人／岩根順子
発行所／サンライズ出版
滋賀県彦根市鳥居本町655-1
☎0749-22-0627　〒522-0004

印刷・製本／サンライズ出版

ISBN978-4-88325-353-1 C0033